古典精粹

小窗幽紀

［明］陳繼儒 輯

中國書店

圖書在版編目（CIP）數據

小窗幽紀 /（明）陳繼儒輯. — 北京 ：中國書店，2019.9

ISBN 978-7-5149-2183-0

Ⅰ. ①小… Ⅱ. ①陳… Ⅲ. ①人生哲學－中國－明代 Ⅳ. ①B825

中國版本圖書館CIP數據核字(2018)第214514號

小窗幽紀

[明] 陳繼儒　輯

責任編輯：趙文傑

出版發行：中國書店
地　　址：北京市西城區琉璃廠東街115號
郵　　編：100050
印　　刷：藝堂印刷（天津）有限公司
開　　本：787毫米×1092毫米　1/16
版　　次：2019年9月第1版　2019年9月第1次印刷
印　　張：20
書　　號：ISBN 978-7-5149-2183-0
定　　價：98.00元

出版説明

『古典精粹』叢書收録了耳熟能詳的中國古代典籍，注重趣味性、可讀性。中國古代圖籍内容豐富，涉及門類廣泛，精刻本校勘謹嚴。選擇其中的經典本影印，可爲當代研究提供準確的資料，也可爲普通讀者接觸古籍提供機會。

《小窗幽紀》是明末出現的一部格言警句類小品文集，全書共十二卷。該書的纂輯者一般認爲是明末陳繼儒，但經過某些學者的考證，認爲此書實爲清乾隆時書商將明代陸紹珩的《醉古堂劍掃》改頭換面而成，兩書的分卷、卷名及内容基本相同。

陳繼儒（一五五八—一六三九），字仲醇，號眉公、麋公。松江府華亭（今屬上海松江）人。曾兩赴鄉試未中，遂絶意仕進，潛心著述，成爲明末文壇的領袖人物。陸紹珩，天啓間松陵（今屬江蘇蘇州）人，字湘客。生平事迹不詳。《醉古堂劍掃》爲陸紹珩平日讀書時隨手摘録的嘉言格論、麗詞醒語，用以珍玩自賞。後陸氏科舉失利，流落京邸，睹世態炎涼、人情冷漠，於是重讀當年手録的清言醒語，恍覺胸中塊壘，一時俱化。他以自我體悟爲主，參酌朋輩意見，將摘録的文字檢校編排，勒成一書，即《醉古堂劍掃》。

全書按照醒、情、峭、靈、素、景、韵、奇、綺、豪、法、倩分爲十二卷，一千五百餘則，每卷既獨立成篇又相互關聯，内容涉及修身、養性、經商、從政、處事等，文字『語带烟霞，韵諧金石』『端莊雜流漓，爾雅兼温文』。後人將此書與《菜根譚》《圍爐夜話》并稱『處世三大奇書』。

天啓四年（一六二四），此書以《醉古堂劍掃》之名刊行，後流入日本，頗受喜愛。日本嘉永六年（一八五三）刊本、明治四十一年（一九〇八）刊本，均題爲《醉古堂劍掃》。又有雍正刊本《山房積玉》十二卷，作者疑爲『李家聲』，其内容與《醉古堂劍掃》完全相同。又清乾隆三十五年（一七七〇）問心齋刊本，題爲《小窗幽紀》，改題陳繼儒作。刊刻者對原書稍作校訂修改，較《醉古堂劍掃》改動了個别字句，删去了重複條目以及合并、分開條目，變更某些條目順序等。

此次影印出版，所據底本爲清乾隆三十五年（一七七〇）問心齋刊本。

中國書店出版社

二〇一九年五月

目録

小牕幽紀叙

太上立德其次立言〻者
心聲而人品學術恒由此
見焉無論詞蹊詞險詞煩
詞支徒蹈尚口之戒倘語
大而夸談理而腐亦豈可

吕為訓乎然則欲求傳世行遠名山不朽必貴有吕居其要矣眉公先生負一代盛名立志高尚著述等身曾集小牕幽紀吕自娱洩天地之秘笈擷經史之

菁華語帶煙霞韻諧金石
醒世持世一字不落言筌
揮麈風生直奪清談之席
解頤語玅常發斑管之花
所謂端莊雜流灑爾雅兼
溫文有美斯臻無奇不備

夫豈危言無當徒呂資覆
瓿之用乎許昌崔維東慱
學好古欲付剞劂呂公同
好閒序於余因不辭謭陋
特為之弁言簡端
乾隆三十五年歲次庚寅

春月昌平陳本敬仲思
氏書於聚星書院之謝
青堂

小窻幽紀目錄

雲間陳繼儒眉公手輯
古溪王紹曾西巖論定

集部

卷之十二

集部

卷之十一

集部

卷之十

集部

卷六

集部

醒

食中山之酒一醉千日今之昏昏逐逐無一日不醉趨名者醉於朝趨利者醉於野豪者醉於聲色車馬安得一服清凉散人人解醒集醒第一

倚高才而玩世背後須防射影之蟲飾厚貌以欺人面前恐有照膽之鏡

怪小人之顛倒豪傑不知慣顛倒方爲小人惜吾輩之受

世折磨不知惟折磨乃見吾輩

花繁柳密處撥得開纔是手段風狂雨急時立得定方見

脚根

澹泊之守須從穠豔塲中試來鎭定之操還向紛紜境上

勘過

市恩不如報德之爲厚要譽不如逃名之爲適矯情不如

直節之爲真

使人有面前之譽不若使人無背後之毀使人有乍交之

歡不若使人無久處之厭

攻人之惡毋太嚴要思其堪受教人以善毋過高當原其可從

不近人情舉世皆畏途不察物情一生俱夢境

遇沉沉不語之士切莫輸心見悻悻自好之徒應須防口

結纓整冠之態勿以施之焦頭爛額之時繩趨尺步之規勿以用之救死扶危之日

議事者身在事外宜悉利害之情任事者身居事中當忘利害之慮

儉美德也過則爲慳吝爲鄙嗇反傷雅道讓懿行也過則

爲足恭爲曲謙多出機心

藏巧於拙用晦而明寓清於濁以屈爲伸

彼無望德此無示恩窮交所以能長望不勝奢欲不勝饜

利交所以必忤

怨因德彰故使人德我不若德怨之兩忘仇因恩立故使人知恩不若恩仇之俱泯

天薄我福吾厚吾德以迓之天勞我形吾逸吾心以補之天阨我遇吾亨吾道以通之

澹泊之士必爲穠艷者所疑檢餙之人必爲放肆者所忌

事窮勢蹙之人當原其初心功成行滿之士要觀其末路

好醜心太明則物不契賢愚心太明則人不親須是內精明而外渾厚使好醜兩得其平賢愚共受其益纔是生成的德量

好辯以招尤不若訒嘿以怡性廣交以延譽不若索居以自全厚費以多營不若省事以守儉逞能以受妬不若韜精以示拙費千金而結納賢豪孰若傾半瓢之粟以濟飢餓構千楹而招徠賓客孰若葺數椽之茅以庇孤寒

恩不論多寡當厄的壺漿得死力之酬怨不在淺深傷心

的杯羹召亡國之禍
仕途須赫奕常思林下的風味則權勢之念自輕世途須紛華常思泉下的光景則利欲之心自淡
居盈滿者如水之將溢未溢切忌再加一滴處危急者如木之將折未折切忌再加一搦
了心自了事猶根拔而草不生逃世不逃名似羶存而蚋還集
情最難久故多情人必至寡情性自有常故任性人終不失性

才子安心草舍者足登玉堂佳人適意蓬門者堪貯金屋

喜傳語者不可與語好議事者不可圖事

甘人之語多不論其是非激人之語多不顧其利害

眞廉無廉名立名者所以爲貪大巧無巧術用術者所以

爲拙

爲惡而畏人知惡中猶有善念爲善而急人知善處卽是

惡根

譚山林之樂者未必眞得山林之趣厭名利之譚者未必

盡忘名利之情

從冷視熱然後知熱處之奔馳無益從冗入閒然後覺閒中之滋味最長

貧士肯濟人纔是性天中惠澤鬧場能篤學方爲心地上工夫

伏久者飛必高開先者謝獨早

貪得者身富而心貧知足者身貧而心富居高者形逸而神勞處下者形勞而神逸

局量寬大郎住三家邨裡光景不拘智識卑微縱居五都市中神情亦促

惜寸陰者乃有凌鑠千古之志憐微才者迺有馳驅豪傑之心

天欲禍人必先以微福驕之要看他會受天欲福人必先以微禍儆之要看他會救

書畫受俗子品題三生大刼鼎彝與市人賞鑒千古異寃

脫穎之才處囊而後見絕塵之足歷塊以方知

結想奢華則所見轉多冷淡寘心清素則所涉都厭塵氛

多情者不可與定妍媸多誼者不可與定取與多氣者不可與定雌雄多興者不可與定去住

世人破綻處多從周旋處見指摘處多從愛護處見艱難處多從貪戀處見

凡情留不盡之意則味深凡興留不盡之意則趣多

待富貴人不難有禮而難有體待貧賤人不難有恩而難有禮

山棲是勝事稍一縈戀則亦市朝書畫賞鑒是雅事稍一貪痴則亦商賈詩酒是樂事稍一狥人則亦地獄好客是豁達事稍一爲俗子所撓則亦苦海

多讀兩句書少說一句話讀得兩行書說得幾句話

看中人在大處不走作看豪傑在小處不滲漏
留七分正經以度生留三分痴呆以防死
輕財足以聚人律己足以服人量寬足以得人身先足以率人
從極迷處識迷則到處醒將難放懷一放則萬境寬
大事難事看擔當逆境順境看襟度臨喜臨怒看涵養羣行羣止看識見
安詳是處事第一法謙退是保身第一法涵容是處人第一法洒脫是養心第一法

處事最當熟思緩處熟思則得其情緩處則得其當

必能忍人不能忍之觸忤斯能爲人不能爲之事功

輕與必濫取易信必易疑

積丘山之善尙未爲君子貪絲毫之利便陷於小人

智者不與命鬬不與法鬬不與理鬬不與勢鬬

良心在夜氣淸明之候眞情在簞食豆羹之間故以我索人不如使人自反以我攻人不如使人自露

俠之一字昔以之加義氣今以之加揮霍只在氣魄氣骨之分

不畊而食不織而衣搖唇鼓舌妄生是非故知無事人好生事

才人經世能人取世曉人逢世名人垂世高人玩世達人出世

寧爲隨世之庸愚勿爲欺世之豪傑

沾泥帶水之累病根在一戀字隨方逐圓之妙便宜在一耐字

天下無不好諛之人故諂之術不窮世間盡善毀之輩故讒之路難塞

進善言受善言如兩來船則相接耳

清福上帝所吝而習忙可以銷福清名上帝所忌而得謗可以銷名

造謗者甚忙受謗者甚閒

蒲柳之姿望秋而零松栢之質經霜彌茂

人之嗜名節嗜文章嗜游俠如好酒然易動客氣當以德消之

好譚閨閫及好訕諷者必爲鬼神所忌非有奇禍必有奇窮

神人之言微聖人之言簡賢人之言明衆人之言多小人言妄

士君子不能陶鎔人畢竟學問中工力未到

有一言而傷天地之和一事而折終身之福者切須檢點

能受善言如市人求利寸積銖累自成富翁

金帛多只是博得垂老時子孫眼淚少不知其他知有爭而已金帛少只是博得垂老時子孫眼淚多不知其他知有哀而已

景不和無以破昏蒙之氣地不和無以壯光華之色

一念之善吉神隨之一念之惡厲鬼隨之知此可以役使鬼神

出一箇喪元氣進士不若出一箇積陰德平民

眉睫纔交夢裡便不能張主眼光落地泉下又安得分明

佛只是箇了仙也是箇了聖人了了不知了不知了了是了了若知了了便不了

萬事不如杯在手一年幾見月當頭

憂疑杯底弓蛇雙眉且展得失夢中蕉鹿兩脚空忙

名茶美酒自有眞味好事者投香物佐之反以爲佳此與

高人韻士誤墮塵網中何異

花棚石磴小坐微醺歌欲獨尤欲細茗欲頻尤欲苦

善默即是能語用晦即是處明混俗即是藏身安心即是

適境

雖無泉石膏肓烟霞痼疾要識山中宰相天際眞人

氣收自覺怒平神歛自覺言簡容人自覺味和守靜自覺

天寧

處事不可不斬截存心不可不寛舒持已不可不嚴明與

人不可不和氣

居不必無惡隣會不必無損友惟在自持者兩得之
要知自家是君子小人只須五更頭檢點思想的是甚麽
便得
以理聽言則中有主以道窒欲則心自清
先淡後濃先疎後親先遠後近交友道也
苦惱世上意氣須温嗜慾場中肝腸欲冷
形骸非親何况形骸外之長物大地亦幻何况大地内之
微塵
人當溷擾則心中之境界何堪人遇清寧則眼前之氣象

自別

寂而常惺寂寂之境不擾惺而常寂惺惺之念不馳

童子智少愈少而愈完成人智多愈多而愈散

無事便思有閒雜念頭否有事便思有麄浮意氣否得意便思有驕矜辭色否失意便思有怨望情懷否時時檢點得到從多入少從有入無纔是學問的真消息

筆之用以月計墨之用以歲計硯之用以世計筆最銳墨次之硯鈍者也豈非鈍者壽而銳者夭耶筆最動墨次之硯靜者也豈非靜者壽而動者夭乎於是得養生焉以鈍

爲體以靜爲用唯其然是以能永年

貧賤之人一無所有及臨命終時脫一厭字富貴之人無所不有及臨命終時帶一戀字脫一厭字如釋重負帶一戀字如擔枷鎖

透得名利關方是小休歇透得生死關方是大休歇

人欲求道須於功名上鬧一鬧方心死此是眞實語

病至然後知無病之快事來然後知無事之樂故禦病不如却病完事不如省事

諱貧者死于貧勝心使之也諱病者死于病畏心蔽之也

諱愚者死于愚癡心覆之也

古之人如陳玉石于市肆瑕瑜不掩今之人如貨古玩于時賈眞僞難知

士大夫損德處多由立名心太急

多躁者必無沉潛之識多畏者必無卓越之見多欲者必無慷慨之節多言者必無篤實之心多勇者必無文學之雅

剖去胸中荆棘以便人我往來是天下第一快活世界

古來大聖大賢寸鍼相對世上閒言閒語一筆勾銷

揮灑以怡情與其應酧何如兀坐書禮以達情與其工巧
何若直陳棋局以適情與其競勝何若促膝笑譚以治情
與其謔浪何若狂歌

拙之一字免了無千罪過閒之一字討了無萬便宜

班竹半簾惟我道心清似水黃粱一夢任他世事冷如冰

欲住世出世須知機息機

書畫爲柔翰故開卷張冊貴於從容文酒爲歡場故對酒
論文忌于寂寞

榮利造化特以戲人一毫着意便屬桎梏

士人不當以世事分讀書當以讀書通世事
天下之事利害常相半有全利而無小害者惟書
意在筆先向庖羲細參易畫慧生牙後恍顏氏冷坐書齋
明識紅樓爲無塚之邱壠迷來認作捨身岩眞知舞衣爲
暗動之兵戈快去暫同試劒石
調性之法須當似養花天居才之法切莫如妬花雨
事忌脫空人怕落套
烟雲堆裏浪蕩子逐日稱仙歌舞叢中淫慾身幾時得度
山窮鳥道縱藏花谷少流鶯路曲羊腸雖覆柳陰難放馬

能于熱地思冷則一世不受凄凉能於淡處求濃則終身不落枯槁

會心之語當以不解解之無稽之言是在不聽聽耳

佳思忽來書能下酒俠情一往雲可贈人

藹然可親乃自溢之冲和粧不出温柔軟款翩然難下乃生成之倨傲假不得遜順從容

風流得意則才鬼獨勝頑仙孽債爲煩則芳魂毒於虐祟

極難處是書生落魄最可憐是浪子白頭

世路如冥青天障蚩尤之霧人情若夢白日蔽巫女之雲

寄夌定有夙緣非以雞犬盟也中斷知其緣盡寧關妻非
間之
隄防不築尚難支移壑之虞操存不嚴豈能塞横流之性
發端無緒歸結還自支離入門一差進步終成恍惚
打渾隨時之玅法休嫌終日昏昏精明當事之禍機乃悞
一生了了藏不得是拙露不得是醜
形同雋石致勝冷雲决非凡士語學嬌鶯態摹媚柳定是
弄臣
開口輒生雌黃月旦之言吾恐微言將絶捉筆便驚

風波肆險以虛舟震撼浪靜風恬矛盾相殘以柔指解分兵銷戈倒

豪傑向簡淡中求神仙從忠孝上起

人不得道生死老病四字關誰能透過獨美人名將老病之狀尤爲可憐

日月如驚丸可謂浮生矣惟靜卧是小延年人事如飛塵可謂勞攘矣惟靜坐是小自在

平生不作皺眉事天下應無切齒人

闇室之一燈苦海之三老截疑網之寶劒抉盲眼之金鍼

攻取之情化魚鳥亦來相親悖戾之氣銷世途不見可畏

吉人安祥即夢寐神魂無非和氣凶人狠戾即聲音笑語

渾是殺機

天下無難處之事只要兩箇如之何天下無難處之人只

要三個必自反

能脫俗便是奇不合汚便是淸處巧若拙處明若晦處動

若靜

參玄借以見性談道借以修眞

世人皆醒時作濁事安得睡時有淸身若欲睡時得淸身

須于醒時有清意

好讀書非求身後之名但異見異聞心之所願是以孜孜搜討欲罷不能豈爲聲名勞七尺也

一間屋六尺地雖没莊嚴却也精緻蒲作團衣作被日裡可坐夜間可睡燈一盞香一炷石磬數聲木魚幾擊龕常關門常閉好人放來惡人迴避髮不除葷不忌道人心腸儒者服製不貪名不圖利了清靜緣作解脫計無掛碍無拘繫閒便入來忙便出去省閑非省閑氣也不遊方也不避世在家出家在世出世佛何人佛何處此即上乘此即

三昧日復日歲復歲畢我這生任他後裔
草色花香遊人賞其真趣桃開梅謝達士悟其無常
招客留賓爲歡可喜未斷塵世之扳援澆花種樹嗜好雖
清亦是道人之魔障
人常想病時則塵心便滅人常想死時則道念自生
入道場而隨喜則修行之念勃興登邱墓而徘徊則名利
之心頓盡
鑠金玷玉從來不乏乎讒人洗垢索瘢尤好求多於佳士
止作秋風過耳何妨尺霧障天

眞放肆不在飲酒高歌假矜持偏于大庭賣弄看明世事透自然不重功名認得當下眞是以常尋樂地

富貴功名榮枯得喪人間驚見白頭風花雪月詩酒琴書世外喜逢青眼

慾不除似蛾撲燈焚身乃止貪無了如猩嗜酒鞭血方休

涉江湖者然後知波濤之洶湧登山嶽者然後知蹊徑之崎嶇

人生待足何時足未老得閒始是閒

談空反被空迷耽靜多爲靜縛

舊無陶令酒巾新撤張顛書帅何妨與世昏昏只問吾心了了

以書史爲園林以歌詠爲鼓吹以理義爲膏粱以著述爲文繡以誦讀爲菑畬以記問爲居積以前言往行爲師友以忠信篤敬爲修持以作善降祥爲因果以樂天知命爲西方

雲烟影裡見眞身始悟形骸爲桎梏禽鳥聲中聞自性方知情識是戈矛

事理因人言而悟者有悟還有迷總不如自悟之了了意

與從外境而得者有得還有失總不如自得之休休

白日欺人難逃清夜之愧赧紅顏失志空遺皓首之悲傷

定雲止水中有鳶飛魚躍的景象風狂雨驟處有波恬浪靜的風光

平地坦途車豈無蹶巨浪洪濤舟亦可渡料無事必有事恐有事必無事

富貴之家常有窮親戚來往便是忠厚

朝市山林俱有事今人忙處古人閒

人生有書可讀有暇得讀有資能讀又涵養之如不識字

人是謂善讀書者享世間清福未有過于此也

世上人事無窮越幹越做不了我輩光陰有限越閒越見清高

兩刃相迎俱傷兩强相敵俱敗

我不害人人不我害人之害我由我害人

商賈不可與言義彼溺于利農工不可與言學彼偏于業

俗儒不可與言道彼謬於詞

博覽廣識見寡交少是非

明霞可愛瞬眼而輒空流水堪聽過耳而不戀人能以明

霞覩美色則業障自輕人能以流水聽絃歌則性靈何害

休怨我不如人不如我者常衆休誇我能勝人勝如我者更多

人心好勝我以勝應必敗人情好謙我以謙處反勝

人言天不禁人富貴而禁人清閒人自不閒耳若能隨遇而安不圖將來不追既往不蔽目前何不清閒之有

暗室貞邪誰見忽而萬口喧傳自心善惡烱然凛於四王考校

寒山詩云有人來罵我分明了了知雖然不應對却是得

便宜此言宜深玩味

恩愛吾之佗也富貴身之累也

馮驩之鋏彈老無魚荆軻之筑擊來有淚

以恩難心居安樂以貧賤心居富貴則無往不泰矣以淵谷視康莊以疾病視强健則無往不安矣

有譽于前不若無毀于後有樂于身不若無憂于心

富時不儉貧時悔潛時不學用時悔醉後狂言醒時悔安不將息病時悔

寒灰內半星之活火濁流中一線之清泉

攻玉于石石盡而玉出淘金於沙沙盡而金露

作交不可傾倒傾倒則交不終久與不可隱匿隱匿則心
必嶮

丹之所藏者赤墨之所藏者黑

嬾可卧不可風靜可坐不可思悶可對不可獨勞可酒不
可食醉可睡不可淫

書生薄命原同妾丞相憐才不論官

少年靈慧知抱夙根今生莫須可卜來世

撥開世上塵氛胸中自無火炎氷兢消却心中鄙吝眼前

時有月到風來

塵緣割斷煩惱從何處安身世慮潛消清虛向此中立脚

市爭利朝爭名蓋棺日何物可殉蒿里春賞花秋賞月荷擔時此身常醉蓬萊

駟馬難追吾欲三緘其口隙駒易過人當寸惜乎陰

萬分廉潔止是小善一點貪汚便爲大惡

衒奇之疾醫以平易英發之疾醫以深沉闊大之疾醫以充實

纔舒放即當收斂纔言語便思簡默

貧不足羞可羞是貧而無志賤不足惡可惡是賤而無能

老不足嘆可嘆是老而虛生死不足悲可悲是死而無補

身要嚴重意要閑定色要溫雅氣要和平語要簡徐心要光明量要濶大志要果毅機要縝密事要妥當

富貴家宜學寛聰明人宜學厚

休委罪于氣化一切責之人事休過望於世間一切求之我身

世人白晝寐語苟能寐中作白晝語可謂常惺惺矣

觀世態之極幻則浮雲轉有常情咀世味之昏空則流水

翻多濃旨

大凡聰明之人極是誤事何以故惟其聰明生意見意見一生便不忍捨割往往溺于愛河慾海者皆極聰明之人是非不到釣魚處榮辱常隨騎馬人

名心未化對妻孥亦自矜莊隱衷釋然即夢寐皆成清楚觀蘇季子以貧窮得志則負郭二頃田誤人實多觀蘇季子以功名殺身則武安六國印害人不淺

名利場中難容伶俐生死路上正要糊塗

一杯酒留萬世名不如生前一杯酒身行樂耳遑恤其他

百年人做千年調至今誰是百年人一棺戢身萬事都已

郊野非塋人之處樓臺是爲邱墓邊塞非殺人之塲歌舞

是爲刀兵試觀羅綺紛紛何異旌旗密密聽管絃冗冗何

異松栢蕭蕭塋王侯之骨能消幾處樓臺落壯士之頭經

得幾翻歌舞達者統爲一觀愚人指爲兩地

節義傲靑雲文章高白雪若不以德性陶鎔之終爲血氣

之私技能之末

我有功於人不可念而過則不可不念人有恩于我不可

忘而怨則不可不忘

徑路窄處留一步與人行滋味濃時減三分讓人嗜此是涉世一極安樂法

已情不可縱當用逆之法制之其道在一忍字人情不可拂當用順之法制之其道在一恕字

昨日之非不可留留之則根燼復萌而塵情終累乎理趣今日之是不可執執之則渣滓未化而理趣反轉為欲根

文章不療山水癖身心每被野雲羈

情

語云當爲情死不當爲情怨明乎情者原可死而不可怨者也雖然旣云情矣此身已爲情有又何忍死耶然不死終不透徹耳韓翃之柳崔護之花漢宮之流葉蜀女之飄梧令後世有情之人咨嗟想慕托之語言寄之歌咏而奴無昆崙客無黃衫知已無押衙同志無虞侯則雖盟在海棠終是陌路蕭郎耳集情第二

家勝陽臺爲歡非夢人慚蕭史相偶成仙輕扇初開忻看笑靨長眉始畫愁對離妝廣攝金屏莫令愁擁恒開錦幔

速望人歸鏡臺新去應餘落粉熏爐未徙定有餘烟淚滴芳衾錦花長濕愁隨玉軫琴鶴恒驚錦水丹鱗素書稀遠玉山青鳥仙使難通綵筆試操香牋遂滿行雲可托梦想還勞九重千日詎想倡家單枕一宵便如浪子當令照影雙來一鸞羞鏡勿使推窗獨坐嫦娥笑人

幾條楊柳沾來多少啼痕三叠陽關唱徹古今離恨

世無花月美人不願生此世界

荀令君至人家坐處常香三日

罄南山之竹寫意無窮決東海之波流情不盡愁如雲而

長聚淚若水以難乾

弄綠綺之琴焉得文君之聽濡彩毫之筆難描京兆之眉

瞻雲望月無非悽愴之聲弄柳拈花盡是銷魂之處

悲火常燒心曲愁雲頻壓眉尖

五更三四點點點生愁一日十二時時時寄恨

燕約鶯期變作鸞悲鳳泣蜂媒蝶使翻成綠慘紅愁

花柳深藏淑女屈何殊三千弱水雨雲不入襄王夢空憶十二巫山

枕邊夢去心亦去醒後夢還心不還

萬里關河鴻雁來時悲信斷滿腔愁緒子規啼處憶人歸
千疊雲山千疊愁一天明月一天恨
荳蔻不消心上恨丁香空結雨中愁
月色懸空皎皎明明偏自照人孤另蛩聲泣露啾啾唧唧
都來助我愁思
慈悲筏濟人出相思海恩愛梯接人下離恨天
費長房縮不盡相思地女媧氏補不完離恨天
孤燈夜雨空把青年誤樓外青山無數隔不斷新愁來路
黃葉無風自落秋雲不雨長陰天若有情天亦老搖搖幽

恨難禁惆悵舊人如夢覺來無處追尋

蛾眉未贖謾勞桐葉寄相思潮信難通空向桃花尋往跡

野花艷目不必牡丹村酒酣人何須綠蟻

琴罷輒舉酒酒罷輒吟詩三友遞相引循環無已時

阮籍鄰家少婦有美色當壚沽酒籍常詣飲醉便臥其側隔簾聞墮釵聲而不動念者此人不癡則慧我幸在不癡不慧中

桃葉題情柳絲牽恨胡天胡帝登徒子焉怡目為雲為雨宋玉因而蕩心輕泉刀若土壤居然翠袖之朱家重然諾

如邱山不忝紅粧之季布
蝴蝶長懸孤枕蔓鳳凰不上斷絃鳴
吳妖小玉飛作烟越艷西施化爲土
妙唱非關舌多情豈在腰
孤鴻翱翔以不去浮雲黯靄而荏苒
楚王宮裡無不推其細腰魏國佳人俱言訝其纖手
傳鼓瑟于楊家得吹簫於秦女
春草碧色春水綠波送君南浦傷如之何
玉樹以珊瑚作枝珠簾以玳瑁爲柙

東隣巧笑來侍寢于更衣西子微顰將橫陳於甲帳
騁纖腰于結風奏新聲于度曲粧鳴蟬之薄鬢照墮馬之
垂鬟金星與婺女爭華麝月共嫦娥競爽驚鸞冶袖時飄
韓掾之香飛燕長裾宜結陳王之佩輕身無力怯南陽之
擣衣生長深宮笑扶風之織錦
青牛帳裏餘曲既終朱鳥窗前新粧已竟
山河綿邈粉黛若新椒華承彩竟虛待月之簾癸骨埋香
誰作雙鸞之霧
蜀紙麝煤添筆媚越甌犀液發茶香風飄亂點更籌轉拍

送繁絃曲破長
教移蘭燼頻羞影自試香湯更怕深初似染花難抑按終
憂沃雪不勝任豈知侍女簾幃外賸取君王數餅金
靜中樓閣春深雨遠處簾櫳半夜燈
綠屏無睡秋分簟紅葉傷時月午樓
但覺夜深花有露不知人靜月當樓何郎燭暗誰能詠韓
壽香薰亦任偷
閬苑有書多附鶴女墻無樹不棲鸞星沉海底當窗見雨
過河源隔座看

風塔拾葉山人茶龍勞薪月逕聚花素士吟壇綺席
嵩塲笑語盡如形骸外之好人背地風波誰是意氣中之
烈士
山翠撲簾捲不起青葱一片樹陰流徑掃不開芳影幾層
珠簾蔽月翻窺窈窕之花綺幔藏雲恐碍扶疎之柳
幽堂晝深清風忽來好伴虛窗夜朗明月不減故人
多恨賦花風瓣亂侵筆墨含情問柳雨絲牽惹衣裾
亭前楊柳送盡到處遊人山下蘼蕪知是何時歸路
天涯浩渺風飄四海之魂塵土流離灰染半生之刼

蝶惹香風尚多芳夢鳥沾紅雨不任嬌啼

幽情化而石立怨風結而塚青千古空閨之感頓令薄倖
驚魂

一片秋山能療病客半聲春鳥偏喚愁人

李太白酒聖蔡文姬書仙置之一時絕妙佳偶

華堂今日綺筵開誰喚分司御史來忽發狂言驚滿座兩
行紅粉一時回

緣之所寄一往而深故人恩重來燕子于雕梁逸士情深
托皃雛於春水好夢難通吹散巫山雲氣仙緣未合空探

游女珠光

飡花水泛曉粧宮裡膩胭脂楊栁風多墮馬結中揺翡翠

對粧則色殊比蘭則香越泛明彩於肯波飛澄華于曉月

紛弱葉而凝照競新藻而抽英

手巾還欲燥愁眉即使開逆想行人至迎前含笑來

透迤洞房半入宵夢窈窕閒館方增客愁

懸媚子于搔頭拭釵梁于粉絮

臨風弄笛欄杆上桂影一輪掃雪烹茶籬落邊梅花數點

銀燭輕彈紅粧笑倚人堪惜情更堪惜困雨花心垂陰栁

耳客堪憐春亦堪憐

肝膽誰憐形影自爲管鮑唇齒相濟天涯孰是窮交與言及此輒欲再廣絶交之論重作署門之句

燕市之醉泣楚帳之悲歌岐路之涕零窮途之慟哭每一退念及此雖在千載以後亦感慨而興嗟

陌上繁華兩岸春風輕梛絮閨中寂寞一窓夜雨瘦梨花芳艸歸遲青驄別易多情成戀薄命何嗟要亦人各有心非關女德善怨

山水花月之際看美人更覺多韻非美人借韻於山水花

月也山水花月直借美人生韻耳
深花枝淺花枝深淺花枝相間時花枝難似伊巫山高巫
山低暮雨瀟瀟郎不歸空房獨守時
青娥皓齒別吳倡梅粉粧成半額黃羅屏繡幔圍寒玉帳
裡吹笙學鳳凰
初彈如珠後如縷一聲兩聲落花雨訴盡平生雲水心盡
是春花秋月語
春嬌滿眼睡紅綃掠削雲鬟旋粧束飛上九天歌一聲二
十五郎吹管遂

琵琶新曲無待石崇箜篌雜引非因曹植
休文腰瘦羞驚羅帶之頻寬賈女容銷懶照蛾眉之常鎖
琉璃硯匣終日隨身翡翠筆床無時離手
清文滿篋非惟芍藥之花新製連篇寧止葡萄之樹
西蜀豪家託情窮于魯殿東臺甲館流詠止於洞簫
醉把杯酒可以吞江南吳越之清風拂劒長嘯可以吸燕
趙秦隴之勁氣
林花翻灑乍飄颺于蘭皐山禽囀響時弄聲於喬木
長將姊妹叢中避多事湖山僻處行

未知枕上曾逢女可認眉尖與畫郎
蘋風未冷催鴛别沉檀合子留雙結千縷愁絲只數圍一
片香痕纔半節
那忍重看娃鬢綠終期一遇客衫黄
金錢賜侍兒暗囑教休話
薄霧幾層推月出好山無數渡江來輪將秋動蟲先覺換
得更深鳥越催
花飛簾外憑箋訊雨到窓前滴夢寒
檣標遠漢昔時魯氏之戈帆影寒沙此夜姜家之被

塡愁不滿吳娃井剪紙空題蜀女祠

良緣易合紅葉亦可爲媒知已難投白璧未能獲主

塡平湘岸都栽竹截住巫山不放雲

鴨爲憐香死鴛因泥睡癡

紅印山痕春色微珊瑚枕上見花飛烟鬟潦亂香雲濕疑

向襄王夢裡歸

零亂如珠爲點妝素輝乘月濕衣裳只愁天酒傾如斗醉

却環姿傍玉牀

有魂落紅葉無骨鎖靑鬟

書題蜀紙愁難浣雨歇巴山話亦陳
盈盈相隔愁追隨誰爲解語來香帷
斜看兩鬟垂儼似行雲嫁
欲與梅花鬭寶粧先開嬌艷逼寒香只愁氷骨藏珠屋一不
似紅衣待玉郎
縱教弄酒春衫涴别有風流上眼波
聽風聲以興思聞鶴唳以動懷企莊生之逍遥慕尚子之
清曠
燈結細花成穗落淚題愁字帶痕紅

無端飲却相思水不信相思想殺人

漁舟唱晩響窮彭蠡之濱雁陣驚寒聲斷衡陽之浦

爽籟發而清風生纖歌凝而白雲遏

杏子輕沙初脱暖梨花深院自多風

峭

今天下皆婦人矣封疆縮其地而中庭之歌舞猶喧戰血枯其人而滿座之貂蟬自若我輩書生既無誅亂討賊之柄而一片報國之忱惟於寸楮尺字間見之使天下之鬚眉而婦人者亦聳然有起色集峭第三

忠孝吾家之寶經史吾家之田

閒到白頭眞是拙醉逢青眼不知狂

興之所到不妨嘔出驚人心故不然也須隨場作戲

放得俗人心下方可爲丈夫放得丈夫心下方名爲仙佛

放得仙佛心下方名爲得道

吟詩劣於講書罵座惡于足恭兩而揆之寧爲薄倖狂夫

不作厚顔君子

觀人題壁便識文章

寧爲眞士夫不爲假道學寧爲蘭摧玉折不作蕭敷艾榮

隨口利牙不顧天荒地老翻腸倒肚那管鬼哭神愁

身世浮名余以夢蝶視之斷不受肉眼相看

達人撒手懸崖俗子沉身苦海

銷骨口中生出蓮花九品鑠金舌上容他鸚鵡千言

少言語以當貴多著述以當富載清名以當車咀英華以當肉

竹外窺鳥樹外窺山峯外窺雲難道我有意無意鶴來窺人月來窺酒雪來窺書却看他有情無情

體裁如何出月隱山情景如何落日映嶼氣魄如何收露斂色議論如何迴飈拂渚

有大通必有大塞無奇遇必無奇窮

霧滿楊溪立豹山間借日月雲飛翰苑紫龍天外借風雷

西山霽雪東岳含烟駕鳳橋以高飛登雁塔而遠眺

一失脚爲千古恨再回頭是百年人

居軒冕之中要有山林的氣味處林泉之下常懷廊廟的經綸

學者有段競業的心思又要有段瀟灑的趣味

平民種德施惠是無位之公卿仕夫貪財好貨乃有爵的乞丐

煩惱場空身住清凉世界營求念絶心歸自在乾坤

覷破興衰究竟人我得失氷消閲盡寂寞繁華豪傑心腸灰冷

名衲譚禪必執經升座便減三分禪理

窮通之境未遭主持之局已定老病之勢未催生死之關先破求之今人誰堪語此

一紙八行不過寒溫之句魚腹雁足空有來往之煩是以嵇康不作嚴光口傳豫章擲之水中陳泰掛之壁上

枝頭秋葉將落猶然戀樹簷前野鳥除死方得離籠人之處世可憐如此

士人有百折不回之真心纔有萬變不窮之妙用

立業建功事事要從實地着脚若少慕聲聞便成偽果講

道修德念念要從虛處立基若稍計功效便落塵情
執拘者福輕而圓融之人其祿必厚操切者壽殀而寬厚
之士其年必長故君子不言命養性卽所以立命亦不言
天盡人自可以回天
才智英敏者宜以學問攝其躁氣節激昂者當以德性融
其偏
蒼蠅附驥捷則捷矣難辭處後之羞蔦蘿依松高則高矣
未免仰扳之恥所以君子寧以風霜自挾毋爲魚鳥親人
伺察以爲明者常因明而生暗故君子以恬養智奮迅以

求速者多因速而致遲故君子以重持輕

有面前之譽易無背後之毀難有乍交之歡易無久處之

厭難

宇宙內事要擔當又要善擺脫不擔當則無經世之事業

不擺脫則無出世之襟期

待人而留有餘不盡之恩可以維繫無厭之人心御事而

留有餘不盡之智可以隄防不測之事變

無事如有事時隄防可以彌意外之變有事如無事時鎮

定可以銷局中之危

愛是萬緣之根當知割捨識是衆欲之本要力掃除

舌存常見齒亡剛强終不勝柔弱戸朽未聞樞蠹偏執豈

及乎圓融

榮寵傍邊辱等待不必揚揚困窮背後福跟隨何須戚戚

看破有盡身軀萬境之塵緣自息悟入無懷境界一輪之

心月獨明

霜天聞鶴唳雪夜聽雞鳴得乾坤清絶之氣晴空看鳥飛

活水觀魚戲識宇宙活潑之機

斜陽樹下閒隨老衲清譚深雪堂中戲與騷人白戰

山月江烟鐵笛數聲便成清賞天風海濤扁舟一葉大是奇觀

秋風閉戶夜雨挑燈臥讀離騷淚下霽日尋芳春宵載酒閒歌樂府神怡

雲水中載酒松篁裡煎茶豈必鑾坡侍宴山林下著書花鳥間得句何須鳳沼揮毫

人生不好古彝鼎尊變爲瓦缶世道不憐才鳳毛麟角化作灰塵

要做男子須負剛腸欲學古人當堅苦志

風塵善病伏枕處一片青山歲月長吟操觚將千篇白雪
親兄弟析箸璧合翻作瓜分士大夫愛錢書香化爲銅臭
心爲形役塵世馬牛身被名牽樊籠雞鶩
懶見俗人權辭托病怕逢塵事詭迹逃禪
人不通古今襟裾馬牛士不曉廉恥衣冠狗彘
道院吹笙松風裊裊空門洗鉢花雨紛紛
囊無阿堵豈便求人盤有水晶猶堪留客
種兩頃附郭田量晴較雨尋幾個知心友弄月嘲風
着屐登山翠微中獨逢老衲乘桴浮海雪浪裡羣傍閒鷗

才士不妨泛駕轅下駒吾弗願也諍臣豈合横稜殿上虎

君無尤焉

荷錢榆莢飛來都作青蚨柔玉温香觀想可成白骨

旅館題蕉一路留來魂夢譜客途驚雁半天寄落别離書

歌兒帶煙霞之致舞女具邱壑之資生成世外風姿不慣

塵中物色

今古文章只在蘇東坡鼻端定優劣一時人品却從阮嗣

宗眼内别雌黄

魑魅滿前笑著阮家無鬼論炎囂閲世愁披劉氏北風圖

氣奪山川色結烟霞
詩思在灞陵橋上微吟處林岫便已浩然野趣在鏡湖曲
邊獨往時山川自相映發
至音不合衆聽故伯牙絶絃至寶不同衆好故卞和泣玉
看文字須如猛將用兵直是鏖戰一陣亦如酷吏治獄直
是推勘到底决不恕他
名山之侶不解壁上芒鞋好景無詩虛携囊中錦字
遼水無極雁山參雲閨中風暖陌上草薰
秋露如珠秋月如珪明月白露光陰往來與子之別心思

徘徊
聲應氣求之夫決不在于尋行數墨之士風行水上之文
決不在于一句一字之奇
借他人之酒杯澆自己之磈礧
春至不知湘水深日暮忘却巴陵道
奇曲雅樂所以禁淫也錦繡黼黻所以禦暴也縟則太過
是以檀卿刺鄭聲周人傷北里靜若清夜之列宿動若流
彗之互奔振駭氣以擺雷飛雄光以倒電
停之如栖鵠揮之如驚鴻飄纓蕤于軒幌發暉曜于羣龍

始緣甍而冐棟，終開簾而入隙。初便娟于墀廡，末縈盈于帷席。

雲氣蔭於叢蓍，金精養于秋菊。落葉半牀，狂花滿屋。

雨送添硯之水，竹供掃榻之風。

血三年而藏碧，魂一變而成紅。

翠黃花而乘月，艷籠黛葉而卷雲翹。

垂綸簾外，疑釣勢之重懸；透影窻中，若鏡光之開照。

疊輕蕊而矜暖，布重泥而訝濕。跡似連珠，形如聚粒。

霄光分曉，出虛竇以雙飛；微陰合暝，舞低簷而並入。

任他極有見識看得假認不得眞隨你極有聰明賣得巧

藏不得拙

傷心之事卽懦夫亦動怒髮快心之舉雖愁人亦開笑顏

論官府不如論帝王以佐史臣之不逮談閨閫不如談艷

麗以補風人之見遺

是技皆可成名天下惟無技之人最苦片技卽足自立天

下惟多技之人最勞

傲骨俠骨媚骨卽枯骨可致千金冷語雋語韻語卽片語

亦重九鼎

議生草莽無輕重論到家庭無是非

聖賢不白之衷托之日月天地不平之氣托之風雷

風流易蕩徉狂易顛

書載茂先三十乘便可移家囊無子美一文錢儘堪結客

有作用者器宇定是不凡有受用者才情決然不露

松枝自是幽人筆竹葉常浮野客杯

且與少年飲美酒往來射獵西山頭

瑤草與芳蘭而並茂蒼松齊古柏以增齡

好山當戶天呈畫古寺爲隣僧報鐘

羣鴻戲海野鶴遊天

小窗幽紀

靈

天下有一言之微而千古如新一字之義而百世如見者安可泯滅之故風雷雨露天之靈山川民物地之靈語言文字人之靈畢三才之用無非一靈以神其間而又何可泯滅之集靈第四

投刺空勞原非生計曳裾自屈豈是交游

事遇快意處當轉言遇快意處當住

儉爲賢德不可着意求賢貧是美稱只是難居其美

志要高華趣要澹泊
眼裏無點灰塵方可讀書千卷胸中沒些渣滓纔能處世
一番
眉上幾分愁且去觀棋酌酒心中多少樂只來種竹澆花
茆屋竹窗貧中之趣何須腳到李侯門草帖畫譜閒裡所
需直恁心遊楊子宅
好香用以熏德好紙用以垂世好筆用以生花好墨用以
煥彩好茶用以滌煩好酒用以消憂
聲色娛情何若淨几明窗一坐息頃利榮馳念何若名山

勝景一登臨時

竹籬茅舍石屋花軒松栢羣吟藤蘿翳景流水繞戸飛泉掛簷煙霞欲棲林壑將暝中處野叟山翁四五余以閒身作此中主人坐沉紅燭看遍青山消我情腸任他冷眼

問婦索釀甕有新芻呼童煮茶門臨好客

花前解珮湖上停橈弄月放歌采蓮高醉晴雲微裊漁笛滄浪華句一垂江山共峙

胸中有靈丹一粒方能點化俗情擺脫世故

獨坐丹房瀟然無事烹茶一壺燒香一炷看達磨面壁圖

垂簾少頃不覺心靜神清氣柔息定濛濛然如混沌境界意者揖達磨與之乘槎而見麻姑也

無端妖冶終成泉下骷髏有分功名自是夢中蝴蝶

累月獨處一室蕭條取雲霞爲侶伴引青松爲心知或稱子老翁闖中來過濁酒一壺蹲鴟一盂相共開笑口所談浮生閑話絕不及市朝客去關門了無報謝如是畢餘生足矣

半塢白雲耕不盡一潭明月釣無痕

茅簷外忽聞犬吠雞鳴恍似雲中世界竹窗下惟有蟬吟

鵲噪方知靜裡乾坤

如今休去便休去若覓了時無了時若能行樂卽今便好

快活身上無病心上無事春鳥是笙歌春花是粉黛閒得一刻卽爲一刻之樂何必情欲乃爲樂耶

開眼便覺天地濶撾鼓非狂林卧不知寒暑更上牀空算

惟儉可以助廉惟恕可以成德

山澤未必有異士異士未必在山澤

業淨六根成慧眼身無一物到茅庵

人生莫如閒太閒反生惡業人生莫如清太清反類俗情

不是一番寒徹骨怎得梅花撲鼻香念頭稍緩時便莊誦一遍夢以昨日爲前身可以今夕爲來世

讀史要耐訛字正如登山耐仄路踏雪耐危橋閒居耐俗漢看花耐惡酒此方得力

世外交情惟山而已須有大觀眼濟勝具久住緣方許與之爲莫逆

九山散樵跡俗間徜徉自肆遇佳山水處盤礴箕踞四顧無人則劃然長嘯聲振林木有客造榻與語對曰余方遊華胥接羲皇未暇理君語客之去留蕭然不以爲意

擇地納凉不若先除熱惱執鞭求富何如急遣窮愁
萬壑疎風清兩耳聞世語急須敲玉磬三聲九天凉月淨
初心誦其經勝似撞金鐘百下
無事而憂對景不樂卽自家亦不知是何緣故這便是一
座活地獄更說甚麽銅床鐵柱劍樹刀山也
煩惱之場何種不有以法眼照之奚啻蝎蹈空花
上高山入深林窮迴溪幽泉怪石無遠不到到則拂草而
坐傾壺而醉醉則更相枕籍以卧意亦甚適夢亦同趣
閉門閱佛書開門接佳客出門尋山水此人生三樂

客散門扃風微日落碧月皎皎當空花陰徐徐滿地近簷

鳥宿遠寺鐘鳴茶鐺初熟酒甕乍開不成八韻新詩畢竟

一團俗氣

不作風波於世上自無氷炭到胸中

秋月當天纖雲都淨露坐空潤去處清光冷浸此身如在

水晶宮裡令人心膽澄徹

遺子黃金滿籯不如教子一經

凡醉各有所宜醉花宜晝襲其光也醉雪宜夜清其思也

醉得意宜唱宣其和也醉將離宜擊鉢壯其神也醉文人

宜謹節奏畏其侮也醉俊人宜益觥盂加旗幟助其烈也
醉樓宜暑資其清也醉水宜秋泛其爽也此皆審其宜攷
其景反此則失飲矣竹風一陣飄颺茶竈疎烟梅月半灣
掩映書窗殘雪

厨冷分山翠樓空入水煙

開疏滯葉通隣水擬典荒居作小山

聰明而修潔上帝固錄清虛文墨而貪殘冥官不受辭賦
破除煩惱二更山寺木魚聲見徹性靈一點雲堂優鉢影
興來醉倒落花前天地即爲衾枕機息忘懷磐石上古今

盡屬蜉蝣

老樹着花更覺生機欝勃秋禽弄舌轉令幽興瀟疎

完得心上之本來方可言了心盡得世間之常道纔堪論出世

雪後尋梅霜前訪菊雨際護蘭風外聽竹固野客之閒情實文人之深趣

結一草堂南洞庭月北蛾眉雪東泰岱松西瀟湘竹中具晉高僧支法八尺沉香牀浴罷温泉投牀鼾睡以此避暑詎不樂乎

人有一字不識而多詩意一偈不參而多禪意一勺不濡而多酒意一石不曉而多畫意淡宕故也

以看世人淸白眼轉而看書則聖賢之眞見識以議論人雌黃口轉而論史則左狐之眞是非

事到全美處怨我者不能開指摘之端行到至汚處愛我者不能施掩護之法

必出世者方能入世不則世緣易墮必入世者方能出世不則空趣難持

調性之法急則佩韋緩則佩絃諧情之法水則從舟陸則

從車

才人之行多放當以正斂之正人之行多板當以趣通之

人有不及可以情恕非義相干可以理遣佩此兩言足以

游世

冬起欲遲夏起欲早春睡欲足午睡欲少

無事當學白樂天之嗒然有客宜倣李建勳之擊磬

郊居誅茀結屋雲霞棲棵棟之間竹樹在汀洲之外與二

三同調望衡對宇聯捷巷陌風天雪夜買酒相呼此時覺

麴生氣味十倍市飲

萬事皆易滿足惟讀書終身無盡人何不以不知足一念加之書又云讀書如服藥藥多力自行

醉後輒作草書十數行便覺酒氣拂拂從十指中出去也

書引藤爲架人將薜作衣

從江干溪畔箕踞石上聽水聲浩浩潺潺粼粼冷冷恰似一部天然之樂韻疑有湘靈在水中鼓瑟也

鴻中疊石未論高下但有木陰水氣便自超絕

段由夫携琴就松風澗響之間曰三者皆自然之聲正合類聚高卧閒窗綠陰清晝天地何其寥廓也

少學琴書偶愛清淨開卷有得便欣然忘食見樹木交映
時鳥變聲亦復歡然有喜常言五六月卧北窗下遇凉風
暫至自謂羲皇上人

空山聽雨是人生如意事聽雨必於空山破寺中寒雨圍
爐可以燒敗葉烹鮮筍

鳥啼花落欣然有會於心遣小奴挈瘿樽酤白酒釂一梨
花瓷醆急取詩卷快讀一過以嚥之蕭然不知其在塵埃
間也

閉門即是深山讀書隨處淨土

千巖競秀萬壑爭流草木蒙籠其上若雲興霞蔚

從山陰道上行山川自相映發使人應接不暇若秋冬之際猶難為懷

欲見聖人氣象須于自己胸中潔淨時觀之

執筆惟憑于手熟為文每事於口占

箕踞于斑竹林中徙倚于青磯石上所有道笈梵書或校讎四五字或參諷一兩章茶不甚精壺亦不燥香不甚良灰亦不死短琴無曲而有絃長謳無腔而有音激氣發於林樾好風逆之水涯若非羲皇以上定亦稽阮之間

聞人善則疑之聞人惡則信之此滿腔殺機也
士君子盡心利濟使海內少他不得則天亦自然少他不
得即此便是立命
讀書不獨變氣質且能養精神蓋理義收攝故也
周旋人事後當誦一部清淨經弔喪問疾後當念一遍扯
淡歌
卧石不嫌于斜立石不嫌于細倚石不嫌于薄盆石不嫌
于巧山石不嫌于拙
雨過生凉境閒情適鄰家笛韻與晴雲斷雨逐聽之聲聲

入肺腸

不惜費必至於空乏而求人不受享無怪乎守財而遺誚

園亭若無一段山林景況只以壯麗相炫便覺俗氣撲人

餐霞吸露聊駐紅顏弄月嘲風閒銷白日

清之品有五覩標致發厭俗之心見精潔動出塵之想名曰清興知蓄書史能親筆硯布景物有趣種花木有方名曰清致紙裹中窺錢瓦瓶中藏粟困頓于荒野擯棄乎血屬名曰清苦指幽僻之耽誇以爲高好言動之異標以爲放名曰清狂博極今古適情泉石文詞帶烟霞行事絕塵

俗名曰淸奇

對棋不若觀棋觀碁不若彈瑟彈瑟不若聽琴古云但識琴中趣何勞絃上音斯言信然

奕秋往矣伯牙往矣千百世之下止存遺譜似不能盡有益於人唯詩文字畫足爲傳世之珍垂名不朽總之身後名不若生前酒耳

君子雖不過信人君子斷不過疑人

人只把不如我者較量則自知足

折膠鑠石雖累變于歲時熱惱淸凉原只在于心境所以

佛國都無寒暑仙都長似三春

鳥栖高枝彈射難加魚潛深淵網釣不及士隱岩穴禍患焉至

于射而得揖讓于棋而得征誅于忙而得伊周于閒而得巢許于醉而得瞿曇于病而得老莊于飲食衣服出作入息而得孔子

前人云晝短苦夜長何不秉燭遊不當草草看過

優人代古人語代古人笑代古人憤今文人爲文似之優人登臺肖古人下臺還優人今文人爲文又似之假令古

人見今文人當何如憤何如笑何如語

看書只要理路通透不可拘泥舊說更不可附會新說

簡傲不可謂高諂諛不可謂謙刻薄不可謂嚴明闒茸不可謂寬大

作詩能把眼前光景胸中情趣一筆寫出便是作手不必說唐說宋

少年休笑老年顛及到老時顛一般只怕不到顛時老老年何暇笑少年

飢寒困苦福將至已飽飫宴遊禍將生焉

打透生死關生來也罷死來也罷叅破名利場得了也好失了也好

混跡塵中高䁔物外陶情杯酒寄興篇咏藏名一時尚友千古

痴矣狂客酷好賓朋賢哉細君無違夫子醉人盈座簪裾半盞酒家食客滿堂䍃甕不離米肆燈火熒熒且耽夜酌爨烟寂寂安問晨炊生來不解攢眉老去彌堪鼓腹

皮囊速壞神識常存殺萬命以養皮囊罪卒歸於神識佛性無邊經書有限窮萬卷以求佛性得不屬於經書

人勝我無害彼無蓄怨之心我勝人非福恐有不測之禍

書屋前列曲檻栽花鑿方池浸月引活水養魚小窗下焚清香讀書設淨几鼓琴捲疎簾看鶴登高樓飲酒

人人愛睡知其味者甚鮮睡則雙眼一合百事俱忘肢體皆適塵勞盡消即黃粱南柯特餘事已耳靜修詩云書外論交睡最賢旨哉言也

過分求福適以速禍安分遠禍將自得福

倚勢而凌人勢敗而人凌恃財而侮人財散而人侮循還之道我爭者人必爭雖極力爭之未必得我讓者人必讓

雖力讓之未必失
貧不能享客而好結客老不能徇世而好維世窮不能買
書而好讀奇書
滄海日赤城霞峨眉雪巫峽雲洞庭月瀟湘雨彭蠡烟廣
陵濤廬山瀑布合宇宙奇觀繪吾齋壁少陵詩摩詰畫左
傳文馬遷史薛濤箋右軍帖南華經相如賦屈子離騷收
古今絕藝置我山窗
偶飯淮陰定萬古英雄之眼自有一段真趣紛擾不寧者
何能得此醉題便殿生千秋風雅之光自有一番奇特踘

踏牖下者豈易獲諸

清閒無事坐卧隨心雖粗衣淡飯但覺一塵不染憂患纏身繁擾奔忙雖錦衣厚味只覺萬狀苦愁

我如爲善雖一介寒士有人服其德我如爲惡縱位極人臣有人議其過

讀理義書學法帖字澄心靜坐益友清談小酌半醺澆花種竹聽琴玩鶴焚香煮茶泛舟觀山寓意奕棊雖有他樂吾不易矣

成名每在窮苦日敗事多因得志時

寵辱不驚肝木自寧動靜以敬心火自定飲食有節脾土不泄調息寡言肺金自全怡神寡慾腎水自足

讓利精於取利逃名巧於邀名

彩筆描空筆不落色而空亦不受染利刀割水刀不損鍔而水亦不留痕

唾面自乾婁師德不失爲雅量睚眦必報郭象立未免爲禍胎

天下可愛的人都是可憐人天下可惡的人都是可惜人

事業文章隨身銷毀而精神萬古如新功名富貴逐世轉

移而氣節千載一日

讀書到快日處起一切沉淪之色說話到洞心處破一切曖昧之私

諂臣媚子極天下聰穎之人秉正嫉邪作世間忠直之氣

隱逸林中無榮辱道義路上無炎凉

名心未化對妻孥亦自矜莊隱衷釋然卽夢寐皆成清楚

聞謗而怒者讒之囮見譽而喜者佞之媒

灘濁作畫正如隔簾看月隔水看花意在遠近之間亦文章法也

藏錦於心藏繡於口藏珠玉於咳唾藏珍奇於筆墨得時則藏于冊府不得時則藏于名山

讀一篇軒快之書宛見山青水白聽幾句透徹之語如看岳立川行

讀書如竹外溪流灑然而往咏詩如蘋末風起勃焉而揚

子弟排塲有舉止而謝飛揚難博纏頭之錦主賓御席務廉隅而少蘊藉終成泥塑之人

取凉於箑不若清風之徐來激水於槔不若甘雨之時降

有快提之才而無所建用勢必乘憤激之處一逞雄風有

縱橫之論而無所發明勢必乘簧鼓之場一恣餘力
月榭憑欄飛凌縹緲雲房啟戶坐看氤氳
發端無緒歸結還自支離入門一差進步終成恍惚
李納性辨急酷尙奕棋每下子安詳極于寬緩有時躁怒
家人輩密以碁具陳于前納覩之便欣然改容取子布算
都忘其恚
竹裡登樓遠窺韻士聆其談名理于坐上而人我之相可
忘花間掃石時候棋師觀其應危刼于枰間而勝負之機
早决

六經爲庖廚百家爲異饌三墳爲瑚璉諸子爲鼓吹自奉

得無大奢請客未必能享

說得一句好言此懷庶幾纔好攬了一分閒事此身永不

得閒

古人特愛松風庭院皆植松每聞其响欣然往其下曰此

可浣盡十年塵胃

凡名易居只有清名難居凡福易享只有清福難享

貿蘭山外虛兮怨無定河邊破鏡愁

有書癖而無剪裁徒號書廚推名飲而少蘊藉終非名飲

飛泉數點雨非雨空翠幾重山又山

夜者日之餘雨者月之餘冬者歲之餘當此三餘人事稍疎正可一意問學

樹影横床詩思平凌枕上雲華滿紙字意隱躍行間

耳目寬則天地窄爭務短則日月長

秋老洞庭霜淸彭澤

聽靜夜之鐘聲喚醒夢中之夢觀澄潭之月影窺見身外之身

事有急之不白者寬之或自明毋躁急以速其忿人有操

之不從者縱之或自化毋操切以益其頑

士君子貧不能濟物者遇人癡迷處出一言提醒之遇人急難處出一言解救之亦是無量功德

處父兄骨肉之變宜從容不宜激烈遇朋友交遊之失宜剴切不宜優游

問祖宗之德澤吾身所享者是當念其積累之難問子孫之福祉吾身所貽者是要思其傾覆之易

韶光去矣嘆眼前歲月無多可惜年華如疾馬長嘯歸與知身外功名是假好將姓字任呼牛

意摹古先存古未敢反古心持世外厭世未能離世

苦惱世上度不盡許多癡迷漢人對之腸熱我對之心冷

嗜欲場中喚不醒許多伶俐人人對之心冷我對之腸熱

自古及今山之勝多妙于天成每壞於人造

畫家之妙皆在運筆之先運思之際一經點染便減神機

長于筆者文章即如言語長于舌者言語即成文章昔人謂丹青乃無言之詩詩句乃有言之畫余則欲丹青似詩詩句無言方許各臻妙境

舞蝶遊蜂忙中之閑閑中之忙落花飛絮景中之情情中

之景

五夜鷄鳴喚起窻前明月一覺睡醒看破夢裏當年

想到非非想茫然天際白雲明至無無明渾矣臺中明月

避暑深林南風逗樹脫帽露頂沉李浮瓜火宅炎宮蓮花

忽迸較之陶潛卧北窻下自稱羲皇上人此樂過半矣

霜飛空而漫霧雁照月而猜弦

旣景華而凋彩亦宻照而疎明若春陽之揚藹似秋漢之

含星景澄則岩岫開鏡風生則芳樹流芬

類君子之有道入暗室而不欺同至人之無迹懷明義以

應時一翻一覆兮如掌一死一生兮若輪

素

袁石公云長安風雪夜古廟冷舖中乞兒丐僧齁齁如雷吼而白髭老貴人擁錦下帷求一合眼不得嗚呼松間明月檻外靑山未嘗拒人而人自拒者何哉集素

第五

田園有眞樂不瀟灑終爲忙人誦讀有眞趣不玩味終爲鄙夫山水有眞賞不領會終爲漫遊吟咏有眞得不解脫終爲套語

居處寄吾生但得其地不在高廣衣服被吾體但順其時

不在紈綺飲食充吾腹但適其可不在膏粱讌樂修吾好

但致其誠不在浮靡

披卷有餘閒留客坐殘良夜月裏惟無別務呼童耕破遠

山雲

琴鶴自對鹿豕爲羣任彼世態之炎涼從他人情之反覆

家居苦事物之擾惟田舍園亭別是一番活計焚香煮茗

把酒吟詩不許胸中生氷炭客寓多風雨之懷獨禪林道

院轉添幾種生機染翰揮毫翻經問偈肯教眼底逐風塵

茅齋獨坐茶頻煮七椀後氣爽神清竹榻斜眠書漫拋一

枕餘心閒夢穩
帶雨有時種竹關門無事鋤花拈筆閒刪舊句汲泉幾試
新茶
余嘗淨一室置一几陳幾種快意書放一本舊法帖古鼎
焚香素麈揮塵意思小倦暫休竹榻餉時而起則啜苦茗
信手寫漢書幾行隨意觀古畫數幅心目間覺灑空靈面
上塵當亦撲去三寸
但看花開落不言人是非
莫戀浮名夢幻泡影有限且尋樂事風花雪月無窮

白雲在天明月在地焚香煮茗閱偈翻經俗念都捐塵心頓洗

暑中嘗嘿坐澄心閉目作水觀久之覺肌髮洒洒几閣間似有涼氣飛來

胸中只擺脫一戀字便十分爽淨十分自在人生最苦處只是此心沾泥帶水明是知得不能割斷耳

無事以當貴早寢以當富緩步以當車晚食以當肉此巧于處貧者

三月茶笋初肥梅風未困九月蓴鱸正美秫酒新香勝友

晴窗出古人法書名畫焚香評賞無過此時

高枕邱中逃名世外耕稼以輸王稅采樵以奉親顏新穀既升田家大洽肥羜烹以享神枯魚燔而召友簑笠在戶桔槹空懸濁酒相命擊缶長歌野人之樂足矣

爲市井草莽之臣早輸國課作泉石烟霞之主日遠俗情覆雨翻雲何險也論人情只合杜門吟風弄月忽頹然全天眞且須對酒

春初玉樹參差氷花錯落瓊臺奇望恍坐玄圃羅浮若非黃昏月下携琴吟賞杯酒留連則暗香浮動疎影橫斜之

趣何能有實際

性不堪虛天淵亦受鳶魚之擾心能會境風塵還結烟霞之娛

身外有身捉麈尾矢口閒談眞如畫餅竅中有竅向蒲團回心究竟方是力田

山中有三樂薜荔可衣不羨繡裳蕨薇可食不貪粱肉箕踞散髮可以逍遙

終南當戶雞峯如碧筍左簇退食時秀色紛紛墮盤山泉遶窻入廚孤枕夢回驚聞雨聲也

世上有一種痴人所食閒茶冷飯何名高致
桑林麥隴高下競秀風搖碧浪層層雨過綠雲繞繞雉雊
春陽鳩呼朝雨竹籬茅舍間以紅桃白李燕紫鶯黃寓目
色相自多村家閒逸之想令人便忘艷俗
白雲滿谷月照長空洗足收衣正是宴安時節
眉公居山中有客問山中何景最奇曰雨後露前花朝雪
夜又問何事最奇曰釣□鶴守果遣猿收
古今我愛陶元亮鄉里八稱馬子才
嗜酒好睡往往閉門俯仰進趨隨意所在

霜水澄定凡懸崖峭壁古木垂蘿與片雲纖月一山映在波中策杖臨之心境俱清絶

親不擡飯雖大賓不宰牲匪直戒奢侈而可久亦將免煩勞以安身

饑生陽火煉陰精食飽傷神氣不升

心苟無事則息自調念苟無欲則中自守

文章之妙語快令人舞語悲令人泣語幽令人冷語憐令人惜語慎令人密語怒令人按劍語激令人投筆語高令人入雲語低令人下石

溪響松聲清聽自遠竹冠蘭佩物色俱閒

鄙吝一銷白雲亦可贈客渣滓盡化明月自來照人

存心有意無意之妙微雲淡河漢應世不即不離之法疎

雨滴梧桐

肝膽相照欲與天下共分秋月意氣相許欲與天下共坐

春風

堂中設木榻四素屏二古琴一張儒道佛書各數卷樂天

既來爲主仰觀山俯聽水傍睨竹樹雲石自辰至酉應接

不暇俄而物誘氣和外適內舒一宿體寧再宿心恬三宿

後頹然嗒然不知其然而然

偶坐蒲團紙窓上月光漸滿樹影參差所見非色非空此時雖名衲敲門山童且勿報也

會心處不必在遠翳然林水便自有濠濮間想不覺鳥獸禽魚自來親人

茶欲白墨欲黑茶欲重墨欲輕茶欲新墨欲舊

馥噴五木之香色冷氷蠶之錦

築鳳臺以思避搆仙閣而入圜

客過草堂問何感慨而甘棲遯余倦于對但拈古句答曰

得閒多事外知足少年中問是何功課曰種花春掃雪看
籙夜焚香問是何利養曰硯田無惡歲酒國有長春問是
何還往曰有客來相訪通名是伏羲
山居勝于城市盖有八德不責苛禮不見生客不混酒肉
不競田產不聞炎涼不鬧曲直不徵文逋不談士籍
採茶欲精藏茶欲燥烹茶欲潔
茶見日而奪味墨見日而色灰
磨墨如病兒把筆如壯夫
園中不能辦奇花異石惟一片樹陰半庭蘚跡差可會心

忘形友來或促膝劇論或鼓掌歡笑或彼談我聽或彼默我喧而賓主兩忘

塵緣割斷煩惱從何處安身世慮潛消清虛向此中立脚

簷前綠蕉黄葵老少葉雞冠花布滿堦砌移榻對之或枕石高眠或捉塵清話門外車馬之塵滚滚了不相關

夜寒坐小室中擁爐閒話渴則敲氷煮茗飢則撥火煨芋

阿衡五就那如莘野躬耕諸葛七擒爭似南陽抱膝

飯後黑甜日中薄醉别是洞天茶鐺酒臼輕案繩床尋常福地

翠竹碧梧高僧對奕蒼苔紅葉童子煎茶
久坐神疲焚香仰卧偶得佳句卽令毛頴君就枕掌記不
則展轉失去
和雪嚼梅花羨道人之鐵脚燒丹染香履稱先生之醉吟
燈下玩花簾內看月雨後觀景醉裡題詩夢中聞書聲皆
有别趣
王思遠掃客坐留不若杜門孫仲益浮白俗談足當洗耳
鐵笛吹殘長嘯數聲空山荅響胡麻飯罷高眠一覺茂樹
屯陰

編茅爲屋疊石爲堦何處風塵可到據梧而吟烹茶而話此中幽興偏長

皂囊白簡被人描盡半生黃帽青鞋任我逍遥一世

清閒之人不可惰其四肢又須以閒人做閒事臨古人帖温昔年書拂几微塵洗硯宿墨灌園中花掃林中葉覺體少倦放身匡床上暫息半晌可也

待客當潔不當侈無論不能繼亦非所以惜福

葆真莫如少思寡過莫如省事善應莫如收心解醪莫如澹志

世味濃不求忙而忙自至世味澹不偷閒而閒自來

盤飡一菜永絶腥羶飯僧宴客何須六甲行厨茆屋三楹僅蔽風雨掃地焚香安用數童縛篲

以儉勝貧貧忘以施代傍傍化以省去累累消以逆鍊心心定

淨几明窻一軸畫一囊琴一隻鶴一甌茶一爐香一部法帖小園幽徑幾叢花幾羣鳥幾區亭幾拳石幾池水幾片閒雲

花前無燭松葉堪焚石畔欲眠琴囊可枕

流年不復記但見花開爲春花落爲秋終歲無所營惟知
日出而作日入而息

脫巾露頂班支竹籜之冠倚枕焚香半臂華山之服

轂雨前後爲和凝湯社雙井白芽湖州紫筍掃臼滌鐺徵
泉選火以王濛爲品司盧仝爲執權李贊皇爲博士陸鴻
漸爲都統聊消渴吻敢諱水淫差取嬰湯以供茗戰

窻前落月戶外垂蘿石畔草根橋頭樹影可立可卧可坐
可吟

褻狎易契日流於放蕩莊厲難親日進於規矩

甜苦備嘗好丟手　世味渾如嚼蠟生死事大急回頭年光疾如跳丸

若富貴由我力取則造物無權若毀譽隨人脚根則讒夫得志

清事不可着跡若衣冠必求奇古器用必求精良飮食必求異巧此乃清中之濁吾以爲清事之一蠹

吾之一身嘗有少不同壯壯不同老吾之身後焉有子能肖父孫能肖祖如此期必盡屬妄想所可盡者惟留好樣與兒孫而已

若想錢而錢來何故不想若愁米而米至人固當愁曉起
依舊貧窮夜來徒多煩惱
半窓一几遠興閒思天地何其寥濶也清晨端起亭午高
眠胸襟何其洗滌也
行合道義不卜自吉行悖道義縱卜亦凶人當自卜不必
問卜
奔走于權倖之門自視不勝其榮人竊以爲辱經營於利
名之塲操心不勝其苦已反以爲樂
宇宙以來有治世法有傲世法有維世法有出世法有養

世法唐虞垂衣商周秉鉞是謂治世巢父洗耳裘公瞋目是謂傲世首陽輕周桐江重漢是謂維世青牛度關白鶴翔雲是謂出世若乃魯儒一人鄒傳七篇始謂垂世

書室中修行法心閒手懶則觀法帖以其逐字放置也手閒心懶則治迂事以其可作可止也心手俱閒則寫字作詩文以其可以兼濟也心手俱懶則坐睡以其不强役於神也心不甚定宜看詩及雜短故事以其易于見意不滞于久也心閒無事宜看長篇文字或經註或史傳或古人文集此又甚宜風雨之際及寒夜也又曰手冗心閒則思

心冗手閒則卧心手俱閒則著作書字心手俱冗則思早畢其事以寧吾神

片時清暢即享片時半景幽雅即娱半景不必更起姑待之心

一室經行賢于九衢奔走六時禮佛清於五夜朝天

會意不求多數幅晴光摩詰畫知心能有幾百篇野趣少陵詩

醇醪百斛不如一味太和之湯良藥千包不如一服清涼之散

閒暇時取古人快意文章朗朗讀之則心神超逸鬚眉開張

修淨土者自淨其心方寸居然蓮界學禪坐者達禪之理大地盡作蒲團

衡門之下有琴有書載彈載詠爰得我娱豈無他好樂是幽居

朝爲灌園夕偃蓬廬

因葺舊廬疏渠引泉周以花木日哦其間故人過逢瀹茗奕棋杯酒淋浪其樂殆非塵中有也

逢人不說人間事便是人間無事人

閒居之趣快活有五不與交接免拜送之禮一也終日觀書鼓琴二也睡起隨意無有拘碍三也不聞炎凉囂雜四也能課子耕讀五也

雖無絲竹管絃之盛一觴一咏亦足以暢叙幽情

獨卧林泉曠然自適無利無營少思寡慾修身出世法也

茅屋三間木榻一枕燒清香啜苦茗讀數行書懶倦便高卧松梧之下或科頭行吟日常以苦茗代肉食以松石代珍奇以琴書代益友以著述代功業此亦樂事

挾懷朴素不樂權榮棲遲僻陋忽畧利名葆守恬淡希時安寧晏然閒居時撫瑤琴

人生自古七十少前除幼年後除老中間光景不多時又有陰晴與煩惱到了中秋月倍明到了清明花更好花前月下得高歌急須漫把金樽倒世上財多賺不盡朝裏官多做不了官大錢多身轉勞落得自家頭白蚤請君細看眼前人年年一分埋青草草裡多多少少墳一年一半無人掃

飢乃加餐菜食美于珍味倦然後卧草蓐勝似重裀

流水相忘遊魚遊魚相忘流水即此便是天機太空不礙浮雲浮雲不礙太空何處别有佛性

丹山碧水之鄉月澗雲龕之品滌煩消渴功誠不在芝术下

頗懷古人之風愧無素屏之賜則青山白雲何在非我枕屏

江山風月本無常主閒者便是主人

入室許清風對飲惟明月

被衲持鉢作髮僧行徑以雞鳴當檀越以枯管當筇杖以

飾頫當祇園以岩雲野鶴當伴侶以背錦奚奴當行脚頭
陀往採六六奇峯三三曲水
山房置一鐘每於清晨良宵之下用以節歌令人朝夕清
心動念和平李秃謂有雜想一擊遂忘有愁思一撞遂掃
知音哉
潭澗之間清流注瀉千巖競秀萬壑爭流却自胸無宿物
漱清流令人濯濯清虛日來非惟使人情開滌可謂一往
有深情
林泉之滸風飄萬點清露晨流新桐初引蕭然無事閒掃

落花足散人懷

浮雲出岫絕壁天懸日月清朗不無微雲點綴看雲飛軒

軒霞舉踞胡床與友人咏詎不復滓穢太清

山房之磬雖非綠玉沉明輕清之韻儘可節清歌洗俗耳

山居之樂頗愜冷趣煨落葉爲紅罏况負暄于岩戸土鼓

催梅荻灰暖地雖潛凜以蕭索見素柯之凌歲同雲不流

舞雪如醉野因曠而冷舒山以靜而不晦枯魚在懸濁酒

已注朋徒我從寒盟可固不驚歲暮于天涯即是挾纊于

孤嶼

步障錦千層GPT翟瑜紫萬叠何似編葉成幃聚茵爲褥綠陰
流影清入神香氣氤氳徹入骨坐來天地一時寬閒放風
流曉清福
送春而血淚滿腮悲秋而紅顔慘目
翠羽欲流碧雲爲颶
郊中野坐固可班荆徑裏閒談最宜拂石侵雲烟而獨冷
移開清嘯胡床藉草木以成幽撤去莊嚴蓮界況乃枕琴
夜奏逸韻更揚置局午敲清聲甚遠洵幽棲之勝事野客
之虛位也

飲酒不可認眞認眞則大醉大醉則神䰟昏亂在書爲沉湎在詩爲童𢿘在禮爲豢豕在史爲狂藥何如但取半酣與風月爲侶

家鶯鴦湖濵饒兼葭凫鷺水月澹蕩之觀客嘯漁歌風帆煙艇虛無出沒半落几上呼野衲而泛斜陽無過此矣

雨後捲簾看霽色却疑苔影上花來

月夜焚香古桐三弄便覺萬慮都忘妄想盡絶試看香是何味煙是何色穿窓之白是何影指下之餘是何音恬然樂之而悠然忘之者是何趣不可思量處是何境

貝葉之歌無碍蓮花之心不染

河邊共指星爲客花裏空瞻月是卿

人之交友不出趣味兩字有以趣勝者有以味勝者然寧饒于味而無饒於趣

守恬淡以養道處卑下以養德去嗔怒以養性薄滋味以養氣

吾本薄福人宜行惜福事吾本薄德人宜行厚德事

知天地皆逆旅不必更求順境視衆生皆眷屬所以轉成寃家

只宜于着意處寫意不可向眞景處點景

只愁名字有人知澗邊幽草若問淸盟誰可托沙上閒鷗

山童率草木之性與鶴同眠奚奴領歌咏之情檢韻而至

閉戶讀書絶勝入山修道逢人說法全輸兀坐捫心

硯田登大有雖千倉珠粟不輸兩稅之征文錦運機杼縱

萬軸龍文不犯九重之禁

步明月于天衢覽錦雲于江閣

幽人淸課詎但啜茗焚香雅士高盟不在題詩揮翰

以養花之情自養則風情日閒以調鶴之性自調則眞性

自美

熱湯如沸茶不勝酒幽韻如雲酒不勝茶酒類俠茶類隱

酒固道廣茶亦德素

老去自覺萬緣都盡那管人是人非春來尚有一事關心

只在花開花謝

是非場裡出入逍遥順逆境中縱横自在竹密何妨水過

山高不礙雲飛

口中不設雌黄眉端不掛煩惱可稱烟火神仙隨意而栽

花柳適性以養禽魚此是山林經濟

午睡欲來頹然自廢身世庶幾渾忘晚炊既收寂然無營烟火聽其更舉

花開花落春不管拂意事休對人言水暖水寒魚自知會心處還期獨賞

心地上無風濤隨在皆青山綠水性天中有化育觸處見魚躍鳶飛

寵辱不驚閒看庭前花開花落去留無意謾隨天外雲卷雲舒斗室中萬慮都捐說甚畫棟飛雲珠簾捲雨三杯後一真自得誰知素絃横月短笛吟風

得趣不在多盆池拳石間烟霞具足會景不在遠蓬窗竹屋下風月自賒

會得箇中趣五湖之烟月盡入寸衷破得眼前機千古之英雄都歸掌握細雨閒開卷微風獨弄琹

水流任意景常靜花落雖頻心自閑

殘曛供白醉傲他附熱之蛾一枕餘黑甜輸却分香之蝶

閒爲水竹雲山主靜得風花雪月權

半幅花箋入手剪裁就臘雪春冰一條竹杖隨身收拾盡燕雲楚水

心與竹俱空問是非何處安覺貌借松共瘦知憂喜無由

上眉

芳菲林圃看蜂忙覷破幾多塵情世態寂寞衡茆觀燕寢

發起一種冷趣幽思

何地非真境何物非真機芳園半畝便是舊金谷流水一

灣便是小桃源林中野鳥數聲便是一部清鼓吹溪上閒

雲幾片便是一幅真畫圖

人在病中百念灰冷雖有富貴欲享不可反羨貧賤而健

者是故人能於無事時常作病想一切名利之心自然擺

去

竹影入簾蕉陰蔭檻取蒲團一臥不知身在冰壺鮫室

萬壑松濤喬柯飛頡風來鼓颸謖謖有秋江八月聲迢遞

幽岩之下披襟當之不知是羲皇上人

霜降木落時入疎林深處坐樹根上飄飄葉點衣袖而野

鳥從梢飛來窺人荒凉之地殊有清曠之致

明窓之下羅列圖史琴尊以自娛有興則泛小舟吟嘯覽

古于江山之間渚茶野釀足以消憂蓴鱸稻蟹足以適口

又多高僧隱士佛廟絶勝家有園林珍花奇石曲沼高臺

魚鳥流連不覺日暮

山中蒔花種草足以自娛而地朴人荒泉石都無絲竹絕响奇士雅客亦不復過未免寂寞度日然泉石以水竹代絲竹以鶯舌蛙吹代奇士雅客以蠹簡代亦畧相當

閒〻覓伴書爲上身外無求睡最安

栽花種竹未必果出閒人對酒當歌難道便稱俠士

虛堂留燭抄書尚存老眼有客到門揮塵但說青山

千人亦見百人亦見斯爲拔萃出類之英雄三日不舉火十年不製衣殆是樂道安貧之賢士

帝子之望巫陽遠山過雨王孫之别南浦芳草連天
室距乖源晨夕恒滋蘭蓰門開杜徑往來惟有羊裘
枕長林而披史松子爲飡入豊草以投閒蒲根可服
一泓溪水椰分開盡道清虚攪破三月林光花帶去莫言
香分消殘
荆扉晝掩閒庭宴然行雲流水襟懷隱不違親貞不絶俗
太山喬岳氣象
窻前獨榻頻移爲親夜月壁上一琴常掛時拂天風
蕭齋香爐書史酒器俱捐北窻石枕松風茶鐺將沸

明月可人淸風披坐班荆問水天涯韻士高人下筯佐觴
品外澗毛溪蔌主之榮也高軒寒戶肥馬嘶門命酒呼茶
聲勢驚神震鬼疊筵纍几珍奇磬地窮天客之辱也
賀函伯坐徑山竹裡鬚眉皆碧王長公龕杜鵑樓下雲母
都紅
坐茂樹以終日濯淸流以自潔採于山美可茹釣于水鮮
可食
年年落第春風徒泣于遷鶯處處羇遊夜雨空悲于斷雁
金壺霏潤瑶管春容

菜甲初長過于酥酪寒雨之夕呼童摘取佐酒夜談嗅其清馥之氣可滌胸中柴棘何必純灰三斛

暖風春坐酒細雨夜窗棋

秋冬之交夜靜獨坐每聞風雨瀟瀟既凄然可愁亦復悠然可喜至酒醒燈昏之際尤難爲懷長亭烟柳白髮猶勞奔走可憐名利客野店溪雲紅塵不到逍遥時有牧樵人

天之賦命實同人之自取則異

富貴大是能俗人之物使吾輩當之自可不俗然有此不俗胸襟自可不富貴矣

風起思蓴張季鷹之胸懷落落春回到柳陶淵明之興致
翩翩然此二人薄宦投簪吾猶嗟其太晚
黃花紅樹春不如秋白雲青松冬亦勝夏春夏園林秋冬
山谷一心無累四季良辰
聽牧唱樵歌洗盡五年塵土腸胃奏繁絃急管何如一派
山水青音
孑然一身蕭然四壁有識者當此雖未免以冷淡成愁斷
不以寂寞生悔
從五更枕席上參看心體心未動情未萌纔見本來面目

向三時飲食中諳練世味濃不欣淡不厭方爲切實工夫

苑枕石榻得趣處下界有仙木食草衣隨緣時西方無佛

當樂境而不能享者畢竟是薄福之人當苦境而反覺甘者方纔是眞修之士

半輪新月數竿竹千卷藏書一盞茶

偶向水村江郭放不繫之舟還從沙岸草橋吹無孔之笛

物情以常無事爲歡顏世態以善託故爲巧術

善救時若和風之消酷暑能脫俗似淡月之映輕雲

廉所以懲貪我果不貪何必標一廉名以來貪夫之側目

讓所以息爭我果不爭又何必立一讓名以致暴客之彎弓

曲高每生寡和之嫌謌唱須求同調眉修多取入宮之妬

梳洗切莫傾城

隨緣便是遣緣似舞蝶與飛花共適順事自然無事若滿

月偕盆水同圓

耳根似飇谷投響過而不留則是非俱謝心境如月池浸

色空而不着則物我兩忘

心事無不可對人語則夢寐俱清行事無不可使人見則

飲食供穩

小窗幽紀

景

結廬松竹之間閒雲封戶徙倚青林之下花瓣沾衣芳草盈堦茶烟幾縷春光滿眼黃鳥一聲此時可以詩可以畫而正恐詩不盡言畫不盡意而高人韻士能以片言數語盡之者則謂之詩可謂之畫可則謂高人韻士之詩畫亦無不可集景第六

花關曲折雲來不認灣頭草徑幽深落葉但敲門扇

細草微風兩岸晚山迎短棹垂楊殘月一江春水送行舟

草色伴河橋錦纜曉牽三竺雨花陰連野寺布帆晴掛六橋煙

閒步畝畝間垂柳飄風新秧翻浪耕夫荷農器長歌相應牧童稚子倒騎牛背短笛無腔吹之不休大有野趣

夜闌人靜携一童立於清溪之畔孤鶴忽唳魚躍有聲清入肌骨

垂柳小橋紙窗竹屋焚香燕坐手握道書一卷客來則尋常茶具本色清言日暮乃歸不知馬蹄爲何物

門内有徑徑欲曲徑轉有屏屏欲小屏進有堦堦欲平堦

畔有花花欲鮮花外有墻墻欲低墻內有松松欲古松底有石石欲怪石面有亭亭欲朴亭後有竹竹欲疎竹盡有室室欲幽室旁有路路欲分路合有橋橋欲危橋邊有樹樹欲高樹陰有草草欲青草上有渠渠欲細渠引有泉泉欲瀑泉去有山山欲深山下有屋屋欲方屋角有圃圃欲寬圃中有鶴鶴欲舞鶴報有客客不俗客至有酒酒欲不却酒行有醉醉欲不歸

清晨林鳥爭鳴喚醒一枕春夢獨黄鸝百舌抑揚高下最可人意

高峯入雲清流見底兩岸石壁五色交輝青林翠竹四時俱備曉霧將歇猿鳥亂鳴日夕欲頹沉鱗競躍實欲界之仙都自康樂以來未有能與其奇者

曲徑烟深路接杏花酒舍澄江日落門通楊柳漁家

長松怪石去墟落不下一二十里鳥徑緣崖涉水于草莽間數四左右兩三家相望雞犬之聲相聞竹籬草舍燕處其間蘭菊藝之霜月春風日有餘思臨水時種苐梅兒童婢僕皆布衣短褐以給薪水釀村酒而飲之案有詩書莊周太玄楚詞黃庭陰符楞嚴圓覺數十卷而已杖藜躡屐

往來窮谷大川聽流水看激湍鑒澄潭步危橋坐茂樹探幽壑升高峯不亦樂乎

天氣清朗步出南郊野寺沽酒飲之半醉半醒携僧上雨花臺看長江一線風帆搖拽鍾山紫氣掩映黃屋景趣滿前應接不暇

凈掃一室用博山爐爇沉水香香烟縷縷直透心竅最令人精神凝聚

每登高邱步邃谷延留燕坐見懸崖瀑流壽木垂蘿悶邃岑寂之處終日忘返

每遇勝日有好懷袖手哦古人詩足矣青山秀水到眼卽可舒嘯何必居籬落下然後爲已物

柴門不扃筠簾半捲梁間紫燕呢呢喃喃飛出飛入山人以嘯咏佐之皆各適其性風晨月夕客去後蒲團可以雙跏烟島雲林興來時竹杖何妨獨往

三徑竹間日華澹澹固野客之良辰一偏窓下風雨瀟瀟亦幽人之好景

喬松十數株修竹千餘竿青蘿爲墻垣白石爲鳥道流水周於舍下飛泉落于簷間綠栁白蓮羅生池砌時居其中

無不快心

人冷因花寂湖虛受雨喧

有屋數間有田數畝用盆爲池以甕爲牖墻高于肩室大于斗布被暖餘藜羹飽後氣吐胸中充塞宇宙筆落人間輝映瓊玖人能知止以退爲茂我自不出何退之有心無妄想足無妄走人無妄交物無妄受炎炎論之甘處其陋綽綽言之無出其右羲軒之書未嘗去手堯舜之談未嘗離口譚中和天同樂易友吟自在詩飲歡喜酒百年昇平不爲不偶七十康彊不爲不壽

中庭蕙草銷雪小苑梨花夢雲
以江湖相期烟霞相許付同心之雅會託意氣之良遊或
閉戸讀書累月不出或登山玩水竟日忘歸斯賢達之素
交蓋千秋之一遇
蔭映巖流之際偃息琴書之側寄心松竹取樂魚鳥則淡
泊之願于是畢矣
庭前幽花時發披覽既倦每啜茗對之香色撩人吟思忽
起遂歌一古詩以適清興
凡靜室須前栽碧梧後種翠竹前簷放步北用暗窗春冬

閉之以避風雨夏秋可開以通涼爽然碧梧之趣春冬落葉以舒負暄融和之樂夏秋交蔭以蔽炎爍蒸烈之威四時得宜莫此爲勝

家有三畝園花木欝欝客來煮茗談上都貴遊人間可喜事或茗寒酒冷賓主相忘其居與山谷相望暇則步草徑相尋

良辰美景春暖秋凉負杖躡履逍遥自樂臨池觀魚披林聽鳥酌酒一杯彈琴一曲求數刻之樂庶幾居常以待終

築室數楹編槿爲籬結茅爲亭以三畝蔭竹樹栽花果二

畝種蔬菜四壁清曠空諸所有畜山童灌園薙草置二三
胡床着亭下挾書劒伴孤寂携琴奕以遲良友此亦可以
娛老
一徑陰開勢隱蛇蟺之致雲到成迷半閣孤懸影廻縹緲
之觀星臨可摘
幾分春色全憑狂花疎柳安排一派秋容總是紅蓼白蘋
粧點
南湖水落粧臺之明月猶懸西廓烟銷繡榻之彩雲不散
秋竹沙中淡寒山寺裡深

野曠天低樹江清月近人

潭水寒、生月松風夜帶秋

春山艷冶如笑夏山蒼翠如滴秋山明爭如粧冬山慘淡

如睡

眇眇乎春山澹冶而欲笑翔翔乎空絲綽約而自飛

盛暑持蒲榻鋪竹下卧讀騷經樹影篩風濃陰蔽日叢竹

蟬聲遠遠相續邃然入夢醒來命取櫛櫛髮汲石澗流泉

烹雲芽一啜覺兩腋生風徐步草玄亭芰荷出水風送清

香魚戲冷泉麥波跳擲因陟東皋之上四望溪山畳畫平

野蒼翠激氣發于林瀑好風送之水涯手揮麈尾清興洒
然不待法雨凉雪使人火宅之念都冷
山曲小房入園窈窕幽徑綠玉萬竿中滙澗水爲曲池環
池竹樹雲石其後平岡逶迤古松鱗鬣松下皆灌叢雜木
蔦蘿駢織亭樹翼然夜半鶴唳清遠恍如宿花塢間聞哀
猿啼嘯嘹嚦驚霜初不辨其爲城市爲山林也
一抹萬家烟横樹色翠樹欲流淺深間布心目競觀神情
爽滌
萬里澄空千峯開霽山色如黛風氣如秋濃陰如幙烟光

如縷笛響如鶴唳經颶如咿唔溫言如春絮冷語如寒冰
此景不應虛擲
山房置古琴一張質雖非紫瓊綠玉響不在焦尾號鐘置
之石牀快作數弄深山無人水流花開清絕冷絕
密竹軼雲長林蔽日淺翠嬌青籠烟惹濕構數椽其間竹
樹爲籬不復葺垣中有一泓流水清可漱齒曲可流觴放
謌其間離披蒨鬱神滌意閒
抱影寒窓霜夜不寐徘徊松竹下四山月白露墜冰柯相
與咏李白靜夜思便覺冷然寒風就寢復坐蒲團從松端

看月煮茗佐談竟此夜樂
雲墻襲鞿石楚流溢狂飈忽捲珠雨淋漓黃昏孤燈明滅
山房清曠意自悠然夜半松濤驚颶蕉園鳴瑱竅坎之聲
疎密間發愁樂交集足寫幽懷
四林皆雪登眺時見絮起風中千峯堆玉鴉翻城角萬壑
鋪銀無樹飄花片片繪子瞻之壁不粧散粉點點參原憲
之羹飛霰入林迴風折竹徘徊凝覽以發奇思畫冒雪出
雲之勢呼松醪茗飲之景擁爐煨芋欣然一飽隨作雪景
一幅以詩僧賞

孤帆落照中見青山映帶征鴻迴渚爭棲競啄宿水鳴雲聲悽夜月秋颷蕭瑟聽之黯然遂使一夜西風寒生露白

萬山深處一泓澗水四週削壁石磴嶄嵒叢木蓊鬱老猿穴其中古松屈曲高拂雲巔鶴來時棲其頂每晴初霜且林寒澗肅高猿長嘯屬引清風風聲鶴唳嘹嚦驚霜聞之令人悽絕

春雨初霽園林如洗開扉閑望見綠疇麥浪層層與湖頭烟水相映帶一派蒼翠之色或從樹杪流來或自溪邊吐出支筇散步覺數十年塵土肺腸俱爲洗淨

四月有新筍新茶新寒豆新含甆綠陰一片黃鳥數聲乍晴乍雨不煖不寒坐間非雅非俗半醉半醒爾時如從鶴背飛下耳

各從刻行源分涓畝之雲倦以據梧清夢欝林之石

夕陽林際蕉葉墮而鹿眠點雪爐頭茶烟飄而鶴避

高堂客散虛戶風來門設不關簾鈎欲下橫軒有狻猊之鼎隱几皆龍馬之文流覽霄端寓觀濠上

山經秋而轉澹秋入山而倍清

山居有四法樹無行次石無位置屋無宏肆心無機事

花有喜怒寤寐曉夕浴花者得其候乃爲膏雨淡雲薄日夕陽佳月花之曉也狂號連雨烈䤈濃寒花之夕也檀唇烘日媚體藏風花之喜也暈酣神斂烟色迷離花之愁也欹枝困檻如不勝風花之夢也嫣然流盼光華溢目花之醒也

海山微茫而隐見江山巖厲而峭卓溪山窈窕而幽深塞山童頳而堆阜桂林之山綿衍麗博江南之山峻峭巧麗山之形色不同如此

杜門避影出山一事不到夢寐間春晝花陰猿鶴飽卧亦

五雲之餘蔭
白雲徘徊終日不去岩泉一支潺湲齋中春之晝秋之夕
既清且幽大得隱者之樂惟恐一日移去
與衲子輩坐林石上談因果說公案久之松際月來振衣
而起踏樹影而歸此日便是盧虔
結廬人徑植杖山阿林壑地之所豐烟霞性之所適蔭丹
桂藉白茅濁酒一盃清琴數弄誠足樂也
輞水淪漣與月上下寒山遠火明滅林外深巷小犬吠聲
如豹村虛夜舂復與疏鐘相間此時獨坐童僕靜默

東風鬧椰眼黃鳥罵尨奴

晴雪長松開窗獨坐恍如身在氷壺斜陽芳草携杖閒吟信是人行圖畫

小窗下修篁蕭瑟野鳥悲啼峭壁間醉墨淋漓山靈阿護

霜林之紅樹秋水之白蘋

雲收便悠然共遊雨滴便冷然俱清鳥啼便欣然有會花落便洒然有得

千竿修竹週遭半畝方塘一片白雲遮蔽五株椰垂

山館秋深野鶴唳殘清夜月江園春暮杜鵑啼斷落花風

青山並倚不致綠水無舟更幽朱門有客方尊緇衣絶粮

益韻

杏花疎雨楊柳輕風興到欣然獨往村落烟横沙灘月印

歌殘條爾言旋

賞花酣酒酒浮園菊凡三瓊畢醒問月月到庭梧第二枝

此時此與亦復不淺

幾點飛鴉歸來綠樹一行征雁界破青天

看山雨後霽色一新便覺青山倍秀玩月江中波光千頃

頓令明月增輝

樓臺落日山川出雲

玉樹之長廊半陰金陵之倒景猶赤

小隱偃卧月影到床或逗遛于梧桐或摇亂于楊柳翠華

撲被神骨俱仙及從竹裏流來如自蒼雲吐出

清送素蛾之環珮逸移幽士之羽裳想思足慰于故人清

嘯自紆於良夜

繪雪者不能繪其清繪月者不能繪其明繪花者不能繪

其香繪風者不能繪其聲繪人者不能繪其情

讀書宜樓其快有五無剝啄之驚一快也可遠眺二快也

無濕氣浸床三快也木末竹顛與鳥交語四快也雲霞宿
高簷五快也
山徑幽深十里長松引路不倩金張俗態糾纏一編殘卷
療人何須盧扁
喜方外之浩蕩歎人間之窘束逢閬苑之逸客值蓬萊之
故人
忽據梧而策杖亦披裘而負薪
出芝田而計畝入堯源而問津菊花兩岸松聲一邱葉動
猿來花驚鳥去閱邱壑之新趣縱江湖之舊心

籬邊杖履送僧花鬚列于巾角石上壺觴坐客松子落我衣裾

遠山宜秋近山宜春高山宜雪平山宜月

珠簾蔽月翻窺窈窕之花綺幔藏雲恐礙扶疎之柳

松子爲飡蒲根可服

煙霞潤色荃荑結芳出磵幽而泉冽入山戸而松涼

旭日始㬉蕙草可織園𦬼紅點流水碧色

玩飛花之度窓看春風之入柳命麗人于玉席陳寶器于紈羅忽翔飛而暫隱時凌空而更飏竹依窓而庭影蘭因

風而送香風暫下而將飄烟纔高而不瞋
悠揚綠椰訡合浦之同歸繚繞青霄環五星之一氣
縟繡起於緹紡煙霞生於灌莽

韻

人生斯世不能讀盡天下秘書靈笈有目而昧有口而啞有耳而聾而面上三斗俗塵何時掃去則韻之一字其世人對症之藥乎雖然今世且有焚香啜茗清涼在口塵俗在心儼然自附于韻亦何異三家村老嫗動口念阿彌便云昇天成佛也集韻第七

陳慥家蓄數姬每日晚藏花一枝使諸姬射覆中者留宿時號花媒

雪後尋梅霜前訪菊雨際護蘭風外聽竹

清齋幽閑時時暮雨打梨花冷句忽來字字秋風吹木葉
多方分别是非之竇易開一味圓融人我之見不立
春雲宜山夏雲宜樹秋雲宜水冬雲宜野
清疎暢快月色最稱風光瀟灑風流花情何如柳態
春夜小窓兀坐月上木蘭有骨凌氷懷人如玉因想雪滿
山中高士卧月明林下美人來語此際光景頗似
文房供具借以快目適玩鋪叠如市頗損雅趣其點綴之
法羅羅清疎方能得致
香令人幽酒令人遠茶令人爽琴令人寂棋令人閒劒令

人欹杖令人輕塵令人雅月令人清竹令人冷花令人韻
石令人雋雪令人曠僧令人談蒲團令人野美人令人憐
山水令人奇書史令人博金石鼎彝令人古

吾齋之中不尚虛禮凡入此齋均為知己隨分款留忘形
笑語不言是非不侈榮利閒談古今靜玩山水清茶好酒
以適幽趣臭味之交如斯而已

窗宜竹雨聲亭宜松風聲几宜洗硯聲榻宜翻書聲月宜
琴聲雪宜茶聲春宜箏聲秋宜笛聲夜宜砧聲

雞壇可以益學鶴陣可以善兵

翻經如壁觀僧飲酒如醉道士橫琴如黃葛野人肅客如
碧蓑漁父

竹徑款扉柳陰班席每當雄才之處明月停輝浮雲駐影
退而與諸俊髦西湖靚媚賴此英雄一洗粉澤

雲林性嗜茶在惠山中用核桃松子肉和白糖成小塊如
石子置茶中出以啖客名曰清泉白石

有花皆刺眼無月便攢眉當場得無妬我花歸三寸管月
代五更燈此事何可語人

求校書于女史論慷慨于青樓

塡不滿貪海攻不破疑城

機息便有月到風來不必苦海人世心遠自無車塵馬迹

何須痼疾邱山

郊中野坐固可班荆徑裏閒談最宜拂石侵雲烟而獨冷

移開清笑胡床藉竹木以成幽撤去莊嚴蓮坐

幽心人似梅花韻心士同楊柳

情因年少酒因境多

看書築得村樓空山曲抱跌坐掃來花徑亂水斜穿

倦時呼鶴舞醉後倩僧扶

筆床茶竈不巾櫛閉戸潛夫寶軸牙籤少鬚眉下帷董子

鳥啣幽夢遠只在數尺窻紗蛩遞秋聲悄無言一龕燈火

藉草班荆安穩林泉之參拔裘拾穗逍遥草澤之臞

萬綠陰中小亭避暑八闥洞開几簟皆綠雨過蟬聲來花

氣令人醉

剸犀截雁之舌鋒逐日追風之腳力

瘦影疎而漏月香陰氣而墮風

修竹到門雲裏寺流泉入袖水中人

詩題半作逃禪偈酒價都爲買藥錢

掃石月盈帘濾泉花滿篩

流水有方能出世名山如藥可輕身

與梅同瘦與竹同清與柳同眠與桃李同笑居然花裏神仙與鶯同聲與燕同語與鶴同唳與鸚鵡同言如此話中知巳

栽花種竹全憑詩格取裁聽鳥觀魚要在酒情打點

登山遇厲瘴放艇遇腥風抹竹遇繆絲修花遇醒露歡場遇害馬吟席遇傖夫若斯不遇甚于泥塗偶集逢好花動歌逢明月席地逢軟艸攀磴逢疎藤展卷逢靜雲戰茗逢

新雨如此相逢逾于卯巳

草色遍溪橋醉得蜻蜓春翅軟花風通驛路迷來蝴蝶曉

魂香

田舍兒强作馨語博得俗因風月場插入傖父便成惡趣

詩瘦到門隣病鶴清影頗嘉書貧經座並寒蟬雄風頓挫

梅花入夜影蕭疎頓令月瘦柳絮當空晴恍忽偏惹風狂

花陰流影散爲半院舞衣水響飛音聽來一溪歌板

萍花香裡風清幾度漁歌楊柳影中月冷數聲牛笛

謝將縹緲無歸處斷浦沉雲行到紛紜不繫時空山挂雨

渾如花醉潦倒何妨絕勝狮狂風流自賞

春光濃似酒花故醉人夜色澄如水月來洗俗

雨打梨花深閉門怎生消遣分付梅花自主張着甚牢騷

對酒當歌四座好風隨月到脫巾露頂一樓新雨帶雲來

浣花溪內洗十年游子衣塵修竹林中定四海良朋交籍

人語亦語詆其昧于鉗口人默亦默訾其短于雌黄

艷陽天氣是花皆堪釀酒綠陰深處凡葉盡可題詩

幽沼芳香侵月未許魚窺幽關松冷巢雲不勞鶴伴

篇詩斗酒何殊太白之丹邱扣舷吹簫好繼東坡之赤壁

獲佳文易獲文友難獲文友易獲文姬難

茶中着料盌中着果譬如玉貌加脂蛾眉着黛翻累本色

煎茶非漫浪要須人品與茶相得故其法往往傳于高流

隐逸有烟霞泉石磊落胸次者

樓前桐葉散爲一院清陰枕上鳥聲喚起半牕紅日

天然文錦浪吹花港之魚自在笙簧風戛園林之竹

高士流連花木添清疎之致幽人剝啄莓苔生黯淡之光

松澗邊携杖獨往立處雲生破衲竹窓下枕書高卧覺時

月浸寒氊

散履閒行野鳥忘機時作伴披襟兀坐白雲無語謾相留
客到茶烟起竹下何嫌屐破蒼苔詩成筆影弄花間且喜
詞飛白雪

月有意而入窓雲無心而出岫

屏絶外慕偃息長林置理亂于不聞託淸閒而自佚松軒
竹塢酒甕茶鐺山月溪雲農蓑漁罟

怪石爲實友名琴爲和友好書爲益友奇畫爲觀友法帖
爲範友良硯爲礪友寶鏡爲明友淨几爲方友古磁爲虛
友舊爐爲熏友紙帳爲素友拂塵爲靜友

掃逕迎清風登臺邀明月琴觴之餘間以歌咏止許鳥語
花香來吾几榻耳
風波塵俗不到意中雲水淡情常來想外
紙帳梅花休驚他三春清夢筆床茶竈可了我半日浮生
酒浇清苦月詩慰寂寥花
好夢乍回沉心未爐風雨如晦竹響入牀此時興復不淺
山非高峻不佳不遠城市不佳不近林木不佳無流泉不
佳無寺觀不佳無雲霧不佳無樵牧不佳
一室十圭寒蛩聲喑折脚鐺邊敲石無火水月在軒燈魂

未滅攬衣獨坐如游皇古意思

虛閒世界清淨我身我心了不可取此一境界名最第一

花枝送客蛙催鼓竹籟喧林鳥報更謂山史實錄

遇月夜露坐中庭心爇香一炷可號伴月香

襟韻灑落如晴雪秋月塵埃不可犯

峯巒窈窕一拳便是名山花竹扶踈半畝如同金谷

觀山水亦如讀書隨其見趣高下

名利塲中羽客人人輸蔡澤一籌烟花隊裡仙流個個讓

煥之獨步

深山高居爐香不可缺取老松栢之根枝實葉共擣治之研風昉羼和之每焚一丸亦足助清苦

白日羲皇世青山綺皓心

松聲澗聲山禽聲夜虫聲鶴聲琴聲棋子落聲雨滴堦聲雪洒窓聲煎茶聲皆聲之至清而讀書聲爲最

曉起入山新流沒岸棋聲未盡石罄依然

松聲竹韻不濃不淡

何必絲與竹山水有清音

世路中人或圖功名或治生產儘自正經爭奈天地間好

風月好山水好書籍了不相涉豈非枉却一生

李岩老好睡衆人食罷下棋岩老輒就枕閱數局乃一展轉云我始一局君幾局矣

晚登秀江亭澄波古木使人得意于塵埃之外蓋人間景幽兩相奇絕耳

筆硯精良人生一樂徒設祇覺村敉琴瑟在御莫不靜好纔陳便得天趣

蔡中郎傳情思透迤北西廂記興致流麗學他描神寫景必先細味沉吟如曰寄趣本頭空博風流種子

夜長無賴徘徊蕉雨半窗日永多閒打疊桐陰一院

雨穿寒砌夜來滴破愁心雪洒虛窗曉去散開清影

春夜宜苦吟宜焚香讀書宜與老僧說法以銷艷思夏夜宜閒談宜臨水枯坐宜聽松聲冷韻以滌煩襟秋夜宜豪遊宜訪快士宜談兵說劍以除蕭瑟冬夜宜茗戰宜酌酒說三國水滸金瓶梅諸集宜箸竹肉以破孤岑

玉之在璞追琢則珪璋水之發源疏濬則川沼

山以虛而受水以實而流讀書當作是觀

古之君子行無友則友松竹居無友則友雲山余無友則

友古之友松竹友雲山者

買舟載書作無名釣徒每當草蓑月冷鐵笛雙清覺張志
和隱天隨去人未遠

今日髩絲禪榻畔茶煙輕颺落花風此趣惟白香山得之

淸姿如卧雲餐雪天地盡𡡉其塵汚雅致如蘊玉含珠日
月轉嫌其洩露

爇香瀹茗自是吳中習氣雨窻却不可少

茶取色臭俱佳行家偏嫌味苦香須冲淡爲雅幽人最忌
烟濃

朱明之候綠陰滿林科頭散髮箕踞白眼坐長松下蕭騷

流觴正是宜入疎散之場

讀書夜坐鐘聲遠聞梵响相和從林端來洒洒窓几上化

作天籟虛無矣

夏日蟬聲太煩則弄簫隨其韻轉秋冬夜聲寥颯則操琴

一曲咻之

心清鑑底瀟湘月骨冷禪中太華秋

語鳥名花供四時之嘯咏清泉白石成一世之幽懷

掃石烹泉舌底嘲嘲茶味開窓染翰眼前處處詩題

權輕勢去何妨張雀羅於門前位高金多自當效蛇行于郊外盖炎凉世態本是常情故人所浩歎惟宜付之冷笑耳

谿畔輕風沙汀印月獨往閒行嘗喜見漁家笑傲松花釀酒春水煎茶甘心藏拙不復問人世興衰

手撫長松仰視白雲庭空鳥語悠然自欣

或夕陽籬落或明月簾櫳或雨夜聯榻或竹下傳觴或青山當戶或白雲可庭于斯時也把臂促膝相知幾人誰語

疎簾清簟銷白晝惟有碁聲幽徑柴門印蒼苔只容屐齒

落花慵掃留襯蒼苔村釀新蒭取燒紅葉

幽徑蒼苔杜門謝客綠陰清晝脫帽觀詩

烟蘿掛月靜聽猿啼瀑布飛虹閒觀鶴浴

簾捲八窓面面雲峯送碧塘開半畝瀟瀟煙水涵清

雲衲高僧泛水登山或可借以點綴如必蓮座說法則詩

酒之間自有禪趣不敢學苦行頭陀以作死灰

遨遊仙子寒雲幾片東行粧高臥幽人明月半牀供枕簟

落落者難合一合便不可分欣欣者易親乍親忽然成怨

故君子之處世也寧風霜自挾無魚鳥親人

海內殷勤但讀停雲之賦目中寥廓徒歌明月之詩

生平願無恙者四一曰青山一曰故人一曰藏書一曰名草

聞暖語如挾纊聞冷語如飲冰聞重語如負山聞危語如壓卵聞溫語如佩玉聞益語如贈金

旦起理花午窗剪葉或截草作字夜卧讖罪令一日風流瀟散之過不致隋落

快欲之事無如飢飡適情之時莫過甘寢求多于清欲即

侈汰亦茫然也

客來花外茗烟低共銷白晝酒到梁間歌雪繞不負清尊

雲躡羽客在瓊臺雙闕之間鶴唳芝田正桐陰靈虛之上

奇

我輩寂處窗下視一切人世俱若蠛蠓嬰娩不堪寓目而有一奇文怪說目數行下便狂呼叫絶令人喜令人怒更令人悲低徊數過床頭短劍亦鳴鳴作龍虎吟便覺人世一切不平俱付煙水集奇第八

呂聖公之不問朝士名張師高之不發籍器奴韓稚圭之不易持燭兵不獨雅量過人正是用世高乎

花看水影竹看月影美人看簾影

佞佛若可懺罪則刑官無權尋仙可以延年則上帝無主

達士盡其在我至誠貴於自然
以貨財害子孫不必操戈入室以學校殺後世有如按劒
伏兵
君子不傲人以不如不疑人以不肖
讀諸葛武侯出師表而不墮淚者其人必不忠讀韓退之
祭十二郎文而不墮淚者其人必不友
世味非不濃艷可以淡然處之獨天下之偉人與奇物幸
一見之自不覺魄動心驚
道上紅塵江中白浪饒他南面百城花間明月松下凉風

輸我北窓一枕

立言亦何容易必有包天包地包千古包來今之識必有驚天驚地驚千古驚來今之才必有破天破地破千古破來今之膽

聖賢爲骨英雄爲膽日月爲目霹靂爲舌

瀑布天落其噴也珠其瀉也練其響也琴

平易近人會見神仙濟度瞞心昧巳便有邪祟出來

隹人飛去還奔月騷客狂來欲上天

涯如沙聚響若潮吞

詩書乃聖賢之供案妻妾乃屋漏之史官

強項者未必爲窮之路屈膝者未必爲通之媒故銅頭鐵面君子落得做箇君子奴顏婢膝小人枉自做了小人

有傴骨者月亦能飛無眞氣者形終如槁

一世窮根種在一捻傲骨千古笑端伏于幾個殘牙

石怪常疑虎雲閒却類僧

大豪傑舍已爲人小丈夫因人利巳

一段世情全憑冷眼覷破幾番幽趣半從熱腸換來

識盡世間好人讀盡世間好書看盡世間好山水

舌頭無骨得言句之總持眼裏有筋具遊戲之三昧

拳居閉口獨坐防心

當場傀儡還我爲之大地衆生任渠笑罵

三徙成名笑范蠡碌碌浮生縱扁舟忘都五湖風月一朝

解綬羨淵明飄飄遺世命巾車歸來滿架琴書

人生不得行胸懷雖壽百歲猶夭也

棋能避世睡能忘世棋類耦耕之沮溺去一不可睡同御

風之列子獨往獨來

以一石一樹與人者非佳子弟

一勺水便具四海水味世法不必盡嘗千江月總是一輪

月光必珠宜當獨朗

面上掃開十層甲眉目纔無可憎胸中滌去數斗塵語言

方覺有味

愁非一種春愁則天愁地愁怨有千般閨怨則人怨鬼怨

天嬾雲沉雨昏花蹙法界豈少愁雲石頹山瘦水枯木落

大地覺多窘況

筝含禪味喜坡仙玉版之衆石結清盟受米顛袍笏之辱

文如臨畫曾致誚于昔人詩類書抄竟沿流於今日

緗綈遞滿而改頭換面玆律既湮縹帙動盈而活剝生吞
斯風亦墜先讀經後可讀史非作文未可作詩
俗氣入骨即吞刀刮腸飲灰洗胃覺俗態之益呈正氣敎
靈即刀鋸在前鼎鑊具後見英風之益露
于琴得道機于棋得兵機于卦得神機于蘭得仙機
相禪遐思唐虞戰爭大笑楚漢夢中蕉鹿猶眞覺後蓴鱸
一幻
世界極於大千不知大千之外更有何物天宮極於非想
不知非想之上畢竟何窮

千載奇逢無如好書良友一生清福只在茗椀鑪烟
作夢則天地亦不醒何論文章為客則洪濛無主人何有
章句
艷出浦之輕蓮麗穿波之半月
雲氣恍堆窓裏岫絕勝看山泉聲疑瀉竹間樽賢於對酒
杖底唯雲囊中唯月不勞關市之譏石笥藏書池塘洗墨
豈供山澤之稅
有此世界必不可無此傳奇有此傳奇乃可維此世界則
傳奇所關非小正可藉口西廂一卷以為風流談資

非窮愁不能著書當孤憤不宜說劍

湖山之佳無如清曉春時常乘月至館景生殘夜水映岑樓而翠黛臨階吹流衣袂鶯聲鳥韻催起閙然披衣步林中則曙光薄戶明霞射几輕風微散海旭乍來見沿堤春艸霏霏明媚如織遠岫朗潤出沐長江浩渺無涯嵐光晴氣舒展不一大是奇絕

心無機事案有好書飽食晏眠時清體健此是上界眞人

讀春秋在人事上見天理讀周易在天理上見人事

則何益矣茗戰有如酒兵試妄言之譚空不若說鬼

鏡花水月若使慧眼看透筆彩劍光肯教壯志銷磨
烈士須一劍則芙蓉赤精不惜千金構之士人惟寸管
映日干雲之器那得不重價相索
委形無寄但教鹿豕爲羣壯志有懷莫遣草木同朽
哄日吐霞吞河漱月氣開地震聲動天發
議論先輩畢竟沒學問之人獎惜後生定然關世道之寄
貧富之交可以情諒鮑子所以讓金貴賤之間易以勢移
管寧所以割席
論名節則緩急之事小較生死則名節之論微但知爲餓

夫以採南山之薇不必爲枯魚以需西江之水
儒有一畝之宫自不妨草茅下賤士無三寸之舌何用此
土木形骸
鵬爲羽傑鯤稱介豪翼遮半天背負重霄
憐之一字吾不樂受蓋有才而徒受人憐無用可知傲之
一字吾不敢矜蓋有才而徒以資傲無用可知
問近日講章孰佳坐一塊蒲團自佳問吾儕嚴師孰尊對
一枝紅燭自尊
點破無稽不根之論只須冷語半言看透陰陽顛倒之行

惟此冷眼一隻
古之釣也以聖賢爲竿道德爲綸仁義爲鉤利祿爲餌四
海爲池萬民爲魚釣道微矣非聖人其孰能之
既稍雲于清漢亦倒影于華池
浮雲迴度開月影而彎環驟雨橫飛挾星精而摇動
天台嵥起繞之以赤霞削成孤峙覆之以蓮花
金河别雁銅柱辭鳶關山天骨霜木凋年
黝光倒影擢菡萏於湖中舒艷騰輝攢蝃蝀於天畔
照萬象于晴初散寥天于日餘

綺

朱樓綠幕笑語勾別座之香越舞吳歌巧舌吐蓮花之艷此身如在怨臉愁房紅粧翠袖之間若遠若近爲之黯然嗟乎又何怪乎身當其際者擁玉床之翠而心迷聽伶人之奏而隕涕乎集綺第九

天台花好阮郎却無計再來巫峽雲深宋玉只有情空賦瞻碧雲之黯黯覓神女其何蹤覩明月之娟娟問嫦娥而不應

粧臺正對書樓隔池有影繡戶相通綺戶望眼多情

蓮開並蒂影憐池上鴛鴦縷結同心日麗屏間孔雀
堂上鳴琴操久彈乎孤鳳邑中製錦紋重織于雙鸞
鏡想分鸞琴悲別鶴
春透水波明寒峭花枝瘦極目烟中百尺樓人在樓中否
明月當樓高眠如避惜哉夜光暗投芳樹交窓把玩無主
嗟矣紅顏薄命
鳥語聽其澀時憐嬌倩之未囀蟬聲聞已斷處愁孤節之
漸消
斷雨斷雲驚魄三春蝶夢花開花落悲歌一夜鵑啼

衲子飛觴歷亂解脫于樽斝之間釵行揮翰淋漓風神在筆墨之外

養紙芙蓉粉薰衣荳蔻香

流蘇帳底披之而夜月窺人玉鏡臺前諷之而朝䊵縈樹

風流誇墜髻時世鬪啼眉

新壘衺花紅粉薄隔樓芳草雪衣凉

李後主宮人秋水喜簪異花芳草拂髻鬢嘗有粉蝶聚其間撲之不去

濯足清流芹香飛澗浣花新水蝶粉迷波

昔人有花中十友桂爲仙友蓮爲淨友梅爲清友菊爲逸友海棠名友荼蘼韻友瑞香殊友芝蘭芳友臘梅奇友梔子禪友昔人有禽中五客鷗爲閒客鶴爲仙客鷺爲雪客孔雀南客鸚鵡隴客會花鳥之情眞是天趣活潑

鳳笙龍管蜀錦齊紈

木香盛開把杯獨坐其下遥令青奴吹笛止留一小奚侍酒纔少斟酌便退立迎春架後花看半開酒飲微醉

夜來月下臥醒花影零亂滿人襟袖疑如濯魄于氷壺

看花步男子當作女人尋花步女人當作男子

窓前俊石冷然可代高人把臂檻外名花綽約無煩美女分香

新調初裁歌兒持板待的闔題方啟佳人捧硯濡毫絕世風流當場豪舉

野花艷目不必牡丹郵酒醉人何須綠蟻

石鼓池邊小草無名可鬪板橋栁外飛花有陣堪題

桃紅李白疎籬細雨初來燕紫鶯黃老樹斜風乍透

窓外梅開喜有騷人弄笛石邊積雪還須小妓烹茶

高樓對月隣女秋砧古寺聞鐘山僧曉梵

佳人病怯不耐春寒豪客多情尤憐夜飲李太白之寶花宜障光孟祖之狗竇堪呼

古人養筆以硫黃酒養紙以芙蓉粉養硯以文綾蓋養墨以豹皮囊小齋何暇及此惟有時書以養筆時磨以養墨時洗以養硯時舒卷以養紙

芭蕉近日則易枯迎風則易破小院背陰半掩竹窻分外青翠

歐公香餅吾共熟火無烟顏氏隱囊我則鬪花以布

梅額生香已堪飲爵草堂飛雪更可題詩七種之羹呼起

袁生之卧六花之餅敢迎王子之舟豪飲竟日賦詩而散
隹人半醉美女新妝月下彈琵石邊侍酒烹雪之茶果然
賸有寒香爭春之舘自是堪來花嘆
黃鳥讓其聲歌青山學其眉黛
淺翠嬌青籠烟惹濕凊可漱齒曲可流觴
風鬧椰䏲露浥尭腮黃鸝呼春青鳥送雨海棠嫩紫芍藥
嫣紅宜其春也碧荷鑄錢綠椰襍綠龍孫脫殼鳩婦喚晴
雨驟黃梅日蒸綠李宜其夏也槐陰未斷雁信初來秋英
無言曉露欲結蓐收避席青女辦妝宜其秋也桂子風高

蘆花月老溪毛碧瘦山骨蒼寒千巖見梅一雪欲臘宜其冬冬也

風翻貝葉絶勝北闕除書水滴蓮花何似華清宮漏

畫屋曲房擁爐列坐鞭車行酒分隊徵歌一笑千金樗蒲百萬名妓持箋玉兒捧硯淋漓揮灑水月流虹我醉欲眠鼠奔鳥竄羅襦輕解鼻息如雷此一境界亦足賞心

榔花燕子貼地欲飛畫扇練裙避人欲進此春遊第一風光也

花顔縹緲欺樹裏之春風銀焰熒煌却城頭之曉色

烏紗帽挾紅袖登山前人自多風致
筆陣生雲詞鋒捲霧
楚江巫峽半雲雨淸簟踈簾看奕棋
美丰儀人如三春新栁濯濯風前
澗險無平石山深足細泉短松猶百尺少鶴已千年
淸文滿篋非惟芍藥之花新製連篇寧止葡萄之樹
梅花舒兩歲之裝栢葉泛三光之酒飄飄餘雪入簫管以
成歌皎潔輕氷對蟾光而寫鏡
鶴有累心猶被斥梅無高韻也遭刪

分果車中畢竟借他人面孔捉刀床側終須露自已心胸

雪滚花飛繚繞歌樓飄撲僧舍點點共酒斾悠揚陣陣追

燕鶯飛舞沾泥逐水豈特可入詩料要知色身幻影是卽

風裏楊花浮生燕壘

水綠霞紅處仙犬忽驚人吠入桃花去

九重仙詔休教丹鳳啣來一片野心已被白雲留住

香吹梅渚千峯雪清映氷壺百尺簾

避客偶然拋竹屨邀僧時一上花船

到來都是淚過去卽成塵秋色生鴻雁江聲冷白蘋

閙草春風才子愁銷書帶翠采菱秋水佳人㘶動鏡花香

竹粉映琅玕之碧勝新粧流媚會無掩面于花宮花珠凝

翡翠之盤雖什襲非珍可免探頷于龍藏

因花整帽借栁維船

逵夢落花消雨色一尊芳艸送晴曛

爭春開宴罷來花有歎聲水國談經聽去魚多樂意

無端淚下三更山月老猿啼驀地嬌來一月泥香新燕語

燕子剛來春光惹恨雁臣甫聚秋思憀人

韓嫣金彈誤了飢寒人多少奔馳潘岳果車增了少年人

多少顔色
微風醒酒好雨催詩生韻生情懷頗不惡
苧蘿村裏對嬌歌艷舞之山若耶溪邊拂濃抹淡粧之水
春歸何處街頭愁殺賣花客落他鄉河畔生憎折柳
論到高華但說黄金能結客看來薄命非關紅袖懒撩人
同氣之求惟刺平原于錦繡同聲之應徒鑄子期以黄金
胸中不平之氣説倩山禽世上叵測之機藏之煙栁
袪長夜之惡魔女郎説劍銷千秋之熱血學士談禪
論聲之韻者曰溪聲潤聲竹聲松聲山禽聲幽壑聲芭蕉

雨聲落花聲落葉聲皆天地之清籟詩壇之鼓吹也然銷魂之聽當以賣花聲爲第一

石上酒花幾片濕雲凝夜色松間人語數聲宿鳥動朝喧

媚字極韻但出以清致則窈窕俱見風神附以妖嬈則做作畢露醜態如芙蓉媚秋水綠篠媚清漣方不着迹

武士無刀兵氣書生無寒酸氣女郎無脂粉氣山人無烟霞氣僧家無香火氣換出一番世界便爲世上不可少之人

情詞之嫻美西廂以後無如玉合紫釵牡丹亭三傳置之

案頭可以挽文思之枯澁收神情之懶散
俊石貴有畫意老樹貴有禪意韻士貴有酒意美人貴有詩意
紅顏未老早隨羗李嫁春風黄卷將殘莫向桑榆憐暮景
銷魂之音絲竹不如著肉然而風月山水間别有清魂銷于清響即子晉之笙湘靈之瑟董雙成之雲璈猶屬下乘
嬌歌艷曲不益混亂耳根
風驚蟋蟀聞織婦之鳴機月滿蟾蜍見天河之弄杼
高僧筒裡送詩突地天花墜落韻妓扇頭寄畫隔江山雨

飛來酒有難懸之色花有獨藴之香以此想紅顔媚骨便可得之格外

客齋使令翔七寶粧理茶具響松風於蟹眼浮雪花于兎毫

每到日中重掠鬟䙖衣騎馬試宫廊

絶世風流當塲豪舉世路既如此但有肝胆向人清議可奈何曾無口舌造業

花抽珠漸落珠懸花更生風來香轉散風度焰還輕

鎣以玉琇餙以金英綠芰懸插紅蕖倒生

浮滄海兮氣渾映青山兮色亂
紛黃庭之靃靡隱重廊之窈窕青陸至而鶯啼朱陽升而
花笑
紫蒂紅蘂玉蕤蒼枝
視蓮潭之變彩見松院之生凉引驚蟬于寶瑟宿蘭燕于
瑶筐
蒲團布衲難於少時存老去之禪心玉劍角弓貴于老時
任少年之俠氣

豪

今世矩視尺步之輩與夫守株待兎之流是不束縛而阱者也宇宙寥寥求一豪者安得哉家徒四壁一擲千金豪之膽興酣落筆潑墨千言豪之才我才必用黃金復來豪之識夫豪既不可得而後世倜儻之士或以一言一字寫其不平又安與沉沉故紙同為銷沒乎集豪第十

桃花馬上春衫少年俠氣貝葉齋中夜衲老去禪心

嶽色江聲富煞胸中邱壑松陰花影爭殘局上山河

驥雖伏櫪足能千里鵠即垂翅志在九霄

個個題詩寫不盡千秋花月人人作畫描不完大地江山

慷慨之氣龍泉知我憂煎之思毛穎解人

不能用世而故爲玩世只恐遇着眞英雄不能經世而故

爲欺世只好對着假豪傑

縱酒但傾何妨易醉黃金既散何論復來

詩酒興將殘剩却樓頭幾明月登臨情不已平分江上半

青山

閒行消白日懸李賀嘔字之囊搔首問青天携謝朓驚人之句
假英雄專吷不鳴之劍若爾鋒鋩遇眞人而落胆窮豪傑慣作無米之炊此等作用當大計而揚眉
深居遠俗尚愁移山有文縱飲逹旦猶笑醉鄉無記
風會日靡試具宋廣平之石腸世道莫容請收姜伯約之大膽
藜床半穿管寧眞吾師乎軒冕必顧華歆詢非友也
車塵馬足之下露出醜形深山窮谷之中剩些眞影

吐虹蜺之氣者貴挾風霜之色依日月之光者毋懷雨露
之私

清襟凝遠卷秋江萬頃之波妙筆縱橫挽崑崙一峰之秀

聞雞起舞劉琨其壯士之雄心乎聞箏起舞迎其閒士
之素心乎

友遍天下英傑之士讀盡人間未見之書

讀書倦時須看劍英發之氣不磨作文苦際可歌詩鬱結
之懷隨暢

交友須帶三分俠氣作人要存一點素心

棲守道德者寂寞一時依阿權勢者凄涼萬古
深山窮谷能老經濟才猷絕壑斷崖難隱靈文奇字
王門之雜吹非竽夢連魏闕郢路之飛聲無調羞向楚囚
肝膽煦若春風雖囊乏一文還憐煢獨氣骨清如秋水
獻策金門苦未收歸心日夜水東流扁舟載得愁千斛聞
說君王不稅愁
世事不堪評披卷神遊千古上塵氛應可卻閉門心在萬
山中
負心滿天地辜他一片熱腸戀態自古今懸此兩隻冷眼

龍津一劍尚作合于風雷胸中數萬甲兵寧終老於牖下

此中空洞原無物何止容卿數百人

英雄未轉之雄圖假糟邱爲霸業風流不盡之餘韻托花谷爲深山

紅潤口脂花蕊乍過微雨翠匀眉黛柳條徐拂輕風

滿腹有文難罵鬼措身無地反憂天

大丈夫居世生當封侯死當廟食不朕閒居可以養志詩書足以自娛

不恨我不見古人惟恨古人不見我

榮枯得喪天意安排浮雲過太虛也用舍行藏吾心鎮定砥柱在中流乎

曹會積石爲倉以藏書名曹氏石倉

丈夫須有遠圖眼孔如輪可怪處堂燕雀豪杰寧無壯志風稜似鐵不憂當道豺狼

雲長香火千載遍于華夷坡老姓字至今尸於婦孺意氣精神不可磨滅

據床嗒爾聽豪士之談鋒把盞惺然看酒人之醉態

登高眺遠吊古尋幽廣胸中之邱壑遊物外之文章

雩霽清境發於夢想此間但有荒山大江修竹古木
每飲村酒後曳杖放腳不知遠近亦曠然天眞
鬚眉之士在世寧使鄉里小兒怒罵不當使鄉里小兒見
憐
胡宗憲讀漢書至終軍請纓事乃起拍案曰男兒雙腳當
從此處插入其他皆狼籍耳
宋海翁才高嗜酒睥睨當世忽乘醉泛舟海上仰天大笑
曰吾七尺之軀豈世間凡土所能貯合以大海葬之耳遂
按波而入

王仲祖有好形儀每覽鏡自照曰王文開那生寧馨兒
毛澄七歲善屬對諸喜之者贈以金錢歸擲之曰吾猶薄
藕秦斗大安事此鄧通靡靡
梁公實薦一士於李于鱗士欲以謝梁曰吾有長生術不
惜爲公授梁曰吾名在天地間只恐盛着不了安用長生
吳正子窮居一室門環流水跨木而渡渡畢即抽之人問
故笑曰土舟淺小恐不勝富貴人來踏耳
吾有目有足山川風月吾所能到我便是山川風月主人
大丈夫當雄飛安能雌伏

青蓮登華山落鴈峯曰呼吸之氣想通帝座恨不攜謝朓

驚人之詩來搔首問青天耳

志欲梟逆虜枕戈待旦常恐祖生先我着鞭

旨言不顯經濟多託之工瞽芻蕘高蹤不落英雄常混之

漁樵耕牧

高言成嘯虎之風豪舉破湧山之浪

立言者未必卽成千古之業吾取其有千古之心好客者

未必卽盡四海之交吾取其有四海之願

管城子無食肉相世人皮相何爲孔方兄有絕交書今日

盟交安在

襟懷貴疎朗不宜太逞豪華文字要雄奇不宜故求寂寞

懸榻待賢士豈曰交情已乎投轄留賓不過酒典而已

才以氣雄品由心定

爲文而欲一世之人好吾悲其爲文爲人而欲一世之人好吾悲其爲人

濟筆海則爲舟航騁文囿則爲羽翼

胸中無三萬卷書眼中無天下奇山川未必能文縱能亦無豪傑語耳

山厨失斧斷之以劍客至無枕解琴自供盥盆潰散磬爲

注洗盎不㬋足覆之以簑

孟宗少遊學其母制十二幅被以招賢士共卧庶得聞君

子之言

張烟霧于海際耀光景於河渚乘天梁而皓蕩叶帝闕而

延佇

聲譽可盡江天不可盡丹青可窮山色不可窮

聞秋空鶴唳令人逸骨仙仙看海上龍騰覺我壯心勃勃

明月在天秋聲在樹珠箔捲嘯倚高樓蒼苔在地春酒在

壺玉山頽醉眠芳草
胸中自是奇乘風波浪平吞萬頃蒼茫脚底由來濶歷險
窮幽飛度千尋香靄
松風澗雨九霄外聲聞環珮清我吟魂海市蜃樓萬水中
一幅畫圖供吾醉眼
每從白門歸見江山透迤草木蒼欝人常言佳我覺是别
離人腸中一叚酸楚氣耳
人每誚余腕中有鬼余謂鬼自無端入吾腕中吾腕中未
嘗有鬼也人每責余目中無人余謂人自不屑入吾目中

吾目中未嘗無人也

天下無不虛之山惟虛故高而易峻天下無不實之水惟實故流面不竭

放不出憎人而孔落在酒杯丟不下憐世心腸寄之詩句

春到十千美酒爲花洗粧夜來一片名香與月薰魄

忍到熟處則憂患消淡到眞時則天地贅

醲醲熟讀離騷孝伯外敢曰並皆名士碌碌常承色笑阿奴輩果然盡是佳兒

剱雄萬敵筆掃千軍

飛禽鎩翮猶愛惜乎羽毛志士捐生終不忘乎老驥
敢于世上放開眼不向人間淚皺眉
縹緲孤鴻影來窓際開戶從之明月入懷花枝零亂朗吟
楓落吳江之句令人悽絕
雲破月窺花好處夜深花睡月明中
三春花鳥猶堪賞千古文章只自知文章自是堪千古花
鳥三春只幾時
士大夫胸中無三斗墨何以運管城然恐蘊釀宿陳出之
無光澤耳

攫金於市者見金而不見人剖身藏珠者愛珠而忘自愛與夫决性命以饕富貴縱嗜慾以戕生者何異

說不盡山水好景但付沉吟當不起世態炎凉惟有閉戶

殺得人者方能生人有恩者必然有怨若使不陰不陽隨世波靡肉菩薩出世于世何補此生何用

李太白云天生我才必有用黄金散盡還復來又云一生性僻躭佳句語不驚人死不休豪傑不可不解此語

天下固有父兄不能囿之豪杰必無師友不可化之愚蒙

諧友于天倫之外元章呼石爲兄奔走于世途之中莊生

喻壓以馬

詞人半肩行李收拾秋水春雲深宮一世梳粧惱亂晩花

新𥠖

得意不必人知興來書自聖縱口何關世議醉後語猶顛

英雄尙不肯以一身受天公之顚倒吾輩奈何以一身受

世人之提掇是堪指髮未可低眉

能爲世必不可少之人能爲人必不可及之事則庶幾此

生不虛

兒女情英雄氣並行不悖或柔腸或俠骨總是吾徒

上馬橫槊下馬作賦自是英雄本色熟讀離騷痛飲濁酒果然名士風流

詩狂空古今酒狂空天地

處世當于熱地思冷出世當于冷地求熱

我輩腹中之氣亦不可少要不必用耳若蠶口眞嫡人事哉

辦大事者匪獨以意氣勝盖亦其智畧絶也故負氣雄行力足以折公侯出奇制筭事足以駭耳目如此人者俱千古矣嗟嗟今世徒虛語耳

説劍談兵今生恨少封侯骨登高對酒此日休吟烈士歌

身許爲知已死一劒夷門到今俠骨香仍古腰不爲督郵

折五斗彭澤從古高風清至今

劒擊秋風四壁如聞鬼嘯琴彈夜月空山引動猿號

壯志憤懣難消高人情深一往

先達笑彈冠休向侯門輕曳裾相知猶按劍莫從世路暗

投珠

瀘

自方袍幅巾之態徧滿天下而超脱頴絶之士遂以同汚合流矯之而世道已不古矣夫迂腐者既泥于法而超脱者又越于法然則士君子亦不偏不倚期無所泥越則已矣何必方袍幅巾作此迂態耶集法第十一

世無乏才之世以通天達地之精神而輔之以拔十得五之法眼一心可以交萬友二心不可以交一友

凡事留不盡之意則機圓凡物留不盡之意則用裕凡情留不盡之意則味深凡言留不盡之意則致遠凡興留不

意則趣多凡才留不盡之意則神滿

有世法有世緣有世情緣非情則易斷情非法則易流

世多理所難必之事莫執宋人道學世多情所難通之事

莫說晉人風流

與其以衣冠誤國不若以布衣關世與其以林下而矜冠

裳不若以廊廟而標泉石

眼界愈大心腸愈小地位愈高舉止愈卑

少年人要心忙忙則攝浮氣老年人要心閑閑則樂餘年

晉人清談宋人理學以晉人遺俗以宋人禔躬合之雙美

分之兩傷也
莫行心上過不去事莫存事上行不去心
忙處事爲常向閒中先檢點動時念想預從靜裏密操持
青天白日處節義自暗室屋漏中培來旋乾轉坤的經綸
自臨深履薄處操出
以積貨財之心積學問以求功名之念求道德以愛子之
心愛父母以保爵位之策保國家
才智英敏者宜以學問攝其躁氣節激昂者當以德性融
其偏

何以下達惟有飾非何以上達無如改過

一點不忍的念頭是生民生物之根芽一段不爲的氣象是撑天撑地之柱石

君子對靑天而懼聞雷霆而不驚履平地而恐涉風波而不疑

不可乘喜而輕諾不可因醉而生嗔不可乘快而多事不可因倦而鮮終

意防慮如撥口防言如遏身防染如奪行防過如割

白沙在泥與之俱黑漸染之習久矣他山之石可以攻玉

切磋之力大焉
後生輩胸中落意氣兩字有以趣勝者有以味勝者然寧
饒于味而無饒于趣
芳樹不用買韶光貧可支
寡思慮以養神剪慾色以養精靖言語以養氣
立身高一步方超達處世退一步方安樂
士君子貧不能濟物者遇人痴迷處出一言提醒之遇人
急難處出一言解救之亦是無量功德
救既敗之事者如馭臨崖之馬休輕策一鞭圖垂成之功

者如挽上灘之舟莫少停一棹

是非邪正之交少遷就則失從違之正利害得失之會太

分明則起趨避之私

事係幽隐要思回護他着不得一點攻訐的念頭人屬寒

微要思矜禮他着不得一毫傲睨的氣象

毋以小嫌而疎至戚勿以新怨而忘舊恩

禮義廉耻可以律巳不可以繩人律巳則寡過繩人則寡

合

凡事韜晦不獨益巳抑且益人凡事表暴不獨損人抑且

損已

覺人之詐不形於言受人之侮不動于色此中有無窮意味亦有無窮受用

爵位不宜太盛太盛則危能事不宜盡畢盡畢則衰

遇故舊之交意氣要愈新處隱微之事心跡宜愈顯待衰朽之人恩禮要愈隆

用人不宜刻刻則思効者去交友不宜濫濫則貢諛者來

憂勤是美德太苦則無以適性怡情淡泊是高風太枯則無以濟人利物

作人要脫俗不可存一矯俗之心應世要隨時不可起一趨時之念

富貴之家常有窮親戚往來便是忠厚

從師延名士鮮垂教之實益爲徒攀高弟少受誨之眞心

男子有德便是才女子無才便是德

病中之趣味不可不嘗窮途之景界不可不歷

才人國士既負不羣之才定負不羈之行是以才稍壓衆則忌心生行稍違時則側目至死後聲名空譽墓中之骸骨窮途潦倒誰憐宮外之蛾眉

貴人之交貧士也驕色易露貧士之交貴人也傲骨當存

君子處身寧人負巳巳無負人小人處事寧巳負人無人負巳

硯神曰淬妃墨神曰回氏紙神曰尙卿筆神曰昌化又曰佩阿

要治世半部論語要出世一卷南華

禍莫大於縱巳之欲惡莫大於言人之非

求見知于人世易求眞知于自巳難求粉飾于耳目易求無愧於隱微難

聖人之言須常將來眼頭過口頭轉心頭運

與其巧持于末不若拙戒於初

君子有三惜此生不學一可惜此日閒過二可惜此身一敗三可惜

晝觀諸妻子夜卜諸夢寐兩者無愧始可言學

士大夫三日不讀書則禮義不交便覺面目可憎語言無味

與其密面交不若親諒友與其施新恩不若還舊債

士人當使王公聞名多而識面少寧使王公訝其不來毋

使王公厭其不去

見人有得意事便當生忻喜心見人有失意事便當生憐憫心皆自己眞實受用處忌成樂敗徒自壞心術耳

恩重難酧名高難稱

待客之禮當存古意止一鷄一黍酒數行食飰而罷以此爲法

處心不可着着則偏作事不可盡盡則窮

士人所貴節行爲大軒冕失之有時而復來節行失之終身不可得矣

勢不可倚盡言不可道盡福不可享盡事不可處盡意味偏長

靜坐然後知平日之氣浮守默然後知平日之言躁省事然後知平日之費閑閉戶然後知平日之交濫寡慾然後知平日之病多近情然後知平日之念刻

喜時之言多失信怒時之言多失體

泛交則多費多費則多營多營則多求多求則多辱

一字不可輕與人一言不可輕語人一笑不可輕假人

正以處心廉以律已忠以事君恭以事長信以接物寬以

待下敬以治事此居官之七要也

聖人成大事業者從戰戰兢兢之小心來

酒入舌出舌出言失言失身棄余以爲棄身不如棄酒

青天白日和風慶雲不特人多喜色卽鳥鵲且有好音若暴風怒雨疾雷掣電鳥亦投林人皆閉戶故君子以太和元氣爲主

胸中落意氣兩字則交游定不得力落騷雅二字則讀書定不深心

交友之先宜察交友之後宜信

惟儉可以助廉惟恕可以成德

惟書不問貴賤貧富老少觀書一卷則有一卷之益觀書一日則有一日之益

坦易其心胸率眞其笑語疎野其禮數簡少其交遊

好醜不可太明議論不可務盡情勢不可殫竭好惡不可驟施

不風之波開眼之孽皆能增進道心

開口譏誚人是輕薄第一件不惟喪德亦足喪身

人之恩可念不可忘人之仇可忘不可念

不能受言者不可輕與一言此是善交法

君子於人當于有過中求無過不當于無過中求有過

我能容人人在我範圍報之在我不報在我人若容我我在人範圍不報不知報之不知自重者然後人重人輕者由我自輕

高明性多疎脫須學精嚴狷介常苦迂拘當思圓轉

欲做精金美玉的人品定從烈火煆來思立揭地掀天的事功須向薄冰履過

性不可縱怒不可留語不可激飲不可過

能輕富貴不能輕一輕富貴之心能重名義又復重一重名義之念是事境之塵氛未掃而心境之芥蒂未忘此處拔除不淨恐石去而草復生矣

紛擾固溺志之塲而枯寂亦槁心之地故學者當棲心玄默以寧吾真體亦當適志恬愉以養吾圓機

昨日之非不可留留之則根燼復萌而塵情終累乎理趣今日之是不可執執之則渣滓未化而理趣反轉爲欲根

待小人不難于嚴而難於不惡待君子不難於恭而難於有禮

市私恩不如扶公議結新知不如敦舊好立榮名不如種
隱德尚奇節不如謹庸行
有一念而犯鬼神之忌一言而傷天地之和一事而釀子
孫之禍者最宜切戒
不實心不成事不虛心不知事
老成人受病在作意步趨少年人受病在假意超脫
爲善有表裡始終之異不過假好人爲惡無表裡始終之
異倒是硬漢子
入心處咫尺立門得意時千古快事

水滸傳何所不有却無破老一事非關缺陷恰是酒肉漢
本色如此益知作者之妙
世間會討便宜人必是吃過虧者
書是同人每讀一篇自覺寢食有味佛爲老友但窺半偈
轉思前境眞空
衣垢不湔器缺不補對人猶有慚色行垢不湔德缺不補
對天豈無媿心
天地俱不醒落得昏沉醉夢洪濛率是客枉尋寥廓主人
老成人必典必則半步可規氣悶人不吐不茹一時難對

重友者交時極難看得難以故轉重輕友者交時極易看得易以故轉輕

遲以靜事而約已遠以惜福而延生

掩戶焚香淸福已具如無福者定生他想更有福者輔以讀書

國家用人猶農家積粟粟積于豐年乃可濟饑才儲于平時乃可濟用

考人品要在五倫上見此處得則小過不足疵此處失則衆長不足錄

國家尊名節獎恬退雖一時未見其效然當患難倉卒之際終賴其用如祿山之亂河北二十四郡皆望風奔潰而抗節不撓者止一顏眞卿明皇初不識其人則所謂名節者亦未嘗不自恬退中得來也故獎恬退者乃所以勵名節

志不可一日墜心不可一日放

辯不如訥語不如不黙動不如靜忙不如閒

以無累之神合有道之器宮商暫離不可得已

精神淸旺境境都有會心昏氣昏愚到處俱成夢幻

酒能亂性佛家戒之酒能養氣仙家飲之余于無酒時學
佛有酒時學仙
烈士不餒正氣以飽其腹清士不寒靑史以暖其躬義士
不死天君以生其骸總之手懸胸中之日月以任世上之風
波
孟郊有句云靑山碾爲塵白日無閒人于鄴云白日若不
落紅塵應更深又云如逢幽隱處似遇獨醒人王維云行
到水窮處坐看雲起時又云明月松間照清泉石上流皎
然云少時不見山便覺無奇趣每一吟諷逸思翩翩

倩

倩不可多得美人有其韻名花有其致青山綠水有其

丰標外則山臞韻士當情景相會之時偶出一語亦莫

不盡其韻極其致領畧其丰標可以啟名花之笑可以

佐美人之歌可以發山水之清音而又何可多得集倩

第十二

會心處自有濠濮間想無可親人魚鳥偃卧時便是羲皇

上人何必夏月凉風

一軒明月花影參差席地偏宜小酌十里青山鳥聲斷續

尋春幾度長吟
入山採藥臨水捕魚綠樹陰中鳥道掃石彈琴捲簾看鶴
白雲深處人家
沙村竹色明月如霜携幽入杖藜散步石屋松陰白雲似
雪對孤鶴掃榻高眠
焚香看書人事都盡隔簾花落松稍月上鐘聲忽度推牕
仰視河漢流雲大勝晝時非有洗心滌慮得意爻象之表
者不可獨契此語
紙窻竹屋夏葛冬裘飯後黑甜日中白醉足矣

收碣石之宿霧斂蒼梧之夕雲八月靈槎泛寒光而靜去

三山神闕湛清影以遥連

空三楚之暮天樓中歷歷滿六朝之故地草際悠悠

秋水岸移新釣舫藕花洲拂舊荷裳心深不滅三年字病

淺難銷寸步香

趙飛燕歌舞自賞仙風留於縐裙韓昭侯顰笑不輕儉德

昭於敝袴皆以一物著名局面相去甚遠

翠微僧至衲衣皆染松雲斗室殘經石磬半沉蕉雨

黄鳥情多常向夢中呼醉客白雲意懶偏來僻處媚幽人

樂意相關禽對語生香不斷樹交花是無彼無此眞機野
色更無山隔斷天光常與水相連此徹上徹下眞境
美女不尙鉛華似疎雲之映淡月禪師不落空寂若碧沼
之吐青蓮
書者喜談畫定能以畫法作書酒人好論茶定能以茶法
飲酒
詩用方言豈是采風之子譚隣俳語恐貽拂麈之羞
肥壤植梅花茂而其韻不古沃土種竹枝盛而其質不堅
竹徑松籬儘堪娛目何非一段清閒園亭池榭僅可容身

便是半生受用

南㶊科頭可任半簾明月北窗坦腹還須一榻清風

披帙横風榻邀棋坐雨窗

洛陽每遇梨花時人多携酒樹下曰爲梨花洗粧

綠染林皐紅銷溪水幾聲好鳥斜陽外一簇春風小院中

有客到柴門清尊開江上之月無人剪蒿徑孤榻對雨中之山

恨留山鳥啼百卉之春紅愁寄隴雲鎖四天之暮碧

㶊口有泉常飲鶴山頭無地不栽花

雙杵茶煙具載陸君之竈半牀松月且窺揚子之書
尋雪後之梅幾忙蹇客訪霜前之菊頗愜幽人
帳中蘇合全消雀尾之爐檻外遊絲半織龍鬚之席
瘦竹如幽人幽花如處女
晨起推窻紅雨亂飛閒花笑也綠樹有聲閒鳥啼也煙嵐
滅沒閒雲度也藻荇可數閒池靜也風細簾青林空月印
閒庭峭也山扉晝扃而剝啄每多閒侶帖括因人而几案
每多閒編繡佛長齋禪心釋諦而念多閒想語多閒詞閒
中滋味洵足樂也

鄙吝一消白雲亦可贈客渣滓盡化明月亦來照人

水流雲在想子美千載高標月到風來憶堯夫一時雅致

何以消天上之清風朗月酒盞詩筒何以謝人間之覆雨翻雲閉門高卧

高客留連花木添清疎之致幽人剝啄莓苔生淡冶之容

雨中連榻花下飛觴進艇長波散髮弄月紫簫玉笛颯起中流白露可飡天河在袖

午夜箕踞松下依依皎月時來親人亦復快然自適

香宜遠焚茶宜旋煮山宜秋登

中郎賞花云茗賞上也談賞次也酒賞下也茶越而崇酒及一切庸穢凡俗之語此花神之深惡痛斥者寧閉口枯坐勿遭花惱可也

賞花有地有時不得其時而漫然命客皆爲唐突寒花宜初雪宜雨霽宜新月宜煖房溫花宜晴日宜輕寒宜華堂暑花宜雨後宜快風宜佳木濃陰宜竹下宜水閣凉花宜爽月宜夕陽宜空堦宜苔徑宜古藤巉石邊若不論風日不擇佳地神氣散緩了不相屬比于妓舍酒館中花何異哉

雲霞爭變風雨橫天終日靜坐清風洒然

妙笛至山水佳處馬上臨風快作數弄

心中事眼中景意中人

園花按時開放因即其佳稱待之以客梅花索笑客桃花銷恨客杏花倚雲客水仙凌波客牡丹酣酒客芍藥占春客萱草忘憂客蓮花禪社客葵花丹心客海棠昌州客桂花青雲客菊花招隱客蘭花幽谷客酴醾清叙客臘梅遠寄客須是身閒方可稱爲主人

馬蹄入對鳥夢墮月色滿橋人影來

無事當看韻書有酒賞邀韻友
紅蓼灘頭靑林古岸西風撲面風雪打頭披簑頂笠執竿
烟水儼在米芾寒江獨釣圖中
馮惟一以杯酒自娛酒酣卽彈琵琶彈罷賦詩詩成起舞
時人愛其俊逸
風下松而合曲泉縈石而生文
秋風解纜極目蘆葦白露横江情景悽絶孤雁驚飛秋色
遠近泊舟卧聽沽酒呼盧一切塵事都付秋木蘆花
設禪榻二一自適一待朋朋若未至則懸之敢曰陳蕃之

榻懸待孺子長史之榻專設休源亦惟禪榻之側不容着
俗人滕耳詩魔酒顛賴此榻袪醒
留連野水之烟淡蕩寒山之月
春夏之交散行麥野秋冬之際微醉稻場欣看麥浪之翻
銀積翠直侵衣帶快覩稻香之覆地新醅欲溢尊罍每來
得趣於庄村寧去置身於草野
羇客在雲村蕉雨點點如奏笙竽聲極可愛山人讀易禮
斗後騎鶴以至不減聞韶也
陰茂樹濯寒泉遡冷風寧不爽然灑然

韻言一展卷問悦坐氷壺而觀龍藏

春來新笋細可供茶雨後奇花肥堪待客

賞花須結豪友觀妓須結淡友登山須結逸友汎舟須結曠友對月須結冷友待雪須結艶友捉酒須結韻友

問客寫藥方非關多病閉門聽野史祇爲偷閒

歲行盡矣風雨淒然紙窗竹屋燈火青熒時于此間得小趣

山鳥每夜五更喧起五次謂之報更蓋山間率眞漏聲也

分韻題詩花前酒後閉門放鶴主去客來

插花着瓶中令俯仰高下斜正疎密皆有意態得畫家寫生之趣方佳

法飲宜舒放飲宜雅病飲宜少愁飲宜醉春飲宜郊夏飲宜洞秋飲宜舟冬飲宜室夜飲宜月

甘酒以待病客辣酒以待飲客苦酒以待豪客淡酒以待清客濁酒以待俗客

仙人好樓居須岧嶢軒敞八面玲瓏舒目披襟有物外之觀霞表之勝宜對山宜臨水宜待月宜觀霞宜夕陽宜雪月宜岸幘觀書宜倚欄吹笛宜焚香靜坐宜揮麈清談江

干宜帆影山欝宜烟嵐院落宜楊梛寺觀宜松篁溪邊宜漁樵宜鷺鷥花前宜娉婷宜鸚䳇宜翠霧霏微宜銀河清淺宜萬里無雲長空如洗宜千林雨過疊障如新宜高插江天宜斜連城郭宜開窓眺海日宜露頂卧天風宜嘯宜咏宜終日敲碁宜酒宜詩宜清宵對榻

良夜風清石床獨坐花香暗度松影參差黃鶴樓可以不登張懷民可以不訪滿庭芳可以不歌

茅屋竹窓一榻清風邀客茶鑪藥竈半簾明月窺人

娟娟花露曉濕芒鞋瑟瑟松風凉生枕簟

綠葉斜披尭葉渡頭一片芜戔秋月青帘高掛杏花村裡
幾回典却春衣
楊花飛入珠簾帨中洗硯詩草吟成錦字燒竹煎茶良友
相聚或解衣盤礴或分韻角險頃之貌出青山吟成麗句
從旁品題之大是開心事
木枕傲石枕冷瓦枕粗竹枕鳴以藤爲骨以漆爲膚其背
圓而滑其額方而通此蒙莊之蝶菴華陽之睡几
小橋月上仰盼星光浮雲往來掩映於牛渚之間别是一
種曉眺

醫俗病莫如書贈酒狂莫如月
明窓淨几好香苦茗有時與高衲譚禪荳棚菜圃暖日和
風無事聽友人說鬼
花事乍開乍落月色乍陰乍晴興未闌躊躇搔首詩篇半
拙半工酒態半醒半醉身方健潦倒放懷
灣月宜寒潭宜絕壁宜高閣宜平臺宜窓紗宜簾鈎宜苔
堦宜花砌宜小酌宜淸談宜長嘯宜獨往宜搔首宜促膝
春月宜尊罍夏月宜枕簟秋月宜砧杵冬月宜圖書樓月
宜簫江月宜笛寺院月宜笙書齋月宜琴閨闈月宜紗幮

勾欄月宜紘索關山月宜帆檣沙塲月宜刁斗花月宜佳人松月宜道者蘿月宜隱逸桂月宜俊英山月宜老衲湖月宜良朋風月宜楊柳雪月宜梅花片月宜花稍宜樓頭宜淺水宜杖藜宜幽人宜孤鴻滿月宜江邊宜苑內宜綺筵宜華燈宜醉客宜妙妓

佛經云細燒沉水毋令見火此燒香三昧語

石上藤蘿墻頭薜荔小窓幽致絕勝深山加以明月清風物外之情儘堪閒適

出世之法無如閉關計一園手掌大草木蒙茸禽魚往來

矮屋臨水展書匡坐幾于避秦與人世隔

山上須泉徑中須竹讀史不可無酒譚禪不可無美人

幽居雖非絶世而一切使令供具交游晤對之事似出世外花爲婢僕鳥爲笑談溪漱澗流代酒肴烹煉書史作師保竹石質友朋雨聲雲影松風蘿月爲一時豪興之歌舞情景固濃然亦清趣

蓬窓夜啟月白于霜漁火沙汀寒星如聚忘却客子作楚但欣烟水留人

無欲者其言清無累者其言達口耳巽入靈竅忽啟故曰

不爲俗情所染方能說法度人

臨流曉坐欸乃忽聞山川之情勃然不禁

舞罷纏頭何所贈折得松釵飲餘酒債莫能償拾來榆莢

午罷無人知處明月催詩三春有客來時香風散酒

如何清色界一泓碧水含空那可斷遊踪半砌青苔殢雨

村花路柳遊子衣上之塵山霧江雲行李擔頭之色

何處得眞情買笑不如買愁誰人効死力使功不如使過

芒鞋甫掛忽想翠微之色兩足復繞山雲蘭棹方停忽聞

新漲之波一葉仍飄烟水

旨愈濃而情愈淡者霜林之紅樹臭愈近而神愈遠者秋水之白蘋

龍女濯冰綃一帶水痕寒不耐姮娥携寶藥半囊月魄影猶香

山館秋深野鶴唳殘清夜月江園春暮杜鵑啼斷落花風

石洞尋真綠玉嵌烏藤之杖苔磯垂釣紅翎間白鷺之蓑

晚村人語遠歸白社之烟曉市花聲驚破紅樓之夢

案頭峯石四壁冷浸烟雲何與胸中邱壑枕邊溪澗半榻寒生瀑布爭如舌底鳴泉

扁舟空載羸却關津不稅愁孤杖深穿攬得烟雲閒入夢
幽堂晝密清風忽來好伴虛窻夜朗明月不減故人
曉入梁王之苑雪滿羣山夜登庾亮之樓月明千里
名妓翻經老僧釀酒書生借箸談兵介胄登高作賦羨他
雅致偏增屠門食素狙儈論文厮養盛服領緣方外束修
懷刺令我風流頓減
高卧酒樓紅日不催詩夢醒漫書花榭白雲恒帶墨痕香
相美人如相花貴清艷而有若遠若近之思看高人如看
竹貴瀟灑而有不密不疎之致

梅稱淸絕多却羅浮一段妖魂竹本瀟疎不耐湘妃數點愁淚

窮秀才生活整日荒年老山人出遊一派熟路

眉端揚未得庶幾在山月吐時眼界放開來只好向水雲深處

劉伯倫携壺荷鍤死便埋我眞酒人哉王武仲閉關護花不許踏破直花奴耳

一聲秋雨一聲秋雁消不得一室淸燈一月春花一池春草繞亂却一生春夢

天衮紅杏一時分付東風翠竹黃花從此永爲閒伴
花影零亂香魂夜發躡然而喜燭旣盡不能寐也
花陰流影散爲半院舞衣水响飛音聽來一溪歌板
一片秋色能療病客半聲春鳥偏喚愁人
會心之語當以不解解之無稽之言是在不聽聽耳
雲落寒潭滌塵容於水鏡月流深谷拭淡黛于山妝
尋芳者追深逕之蘭識韻者窮深山之竹
花間雨過蜂粘幾片薔薇柳下童歸香散數莖簷蔔
幽人到處烟霞冷仙子來時雲雨香

落紅點苔可當錦褥草香花媚可當嬌姬莫逆則山鹿溪
鷗鼓吹則水聲鳥囀毛褐爲允綺山雲作主賓和根野菜
不釀侯鯖帶葉柴門奚輸甲第
野築郊居綽有規制茅亭草舍棘垣竹籬構列無方淡宕
如畫花間紅白樹無行款徜徉洒落何異仙居
墨池寒欲結氷分筆上之花爐篆氣初浮不散簾前之霧
青山在門白雲當戸明月到窓凉風拂座勝地皆仙五城
十二樓轉覺多設
何爲聲色俱清曰松風水月未足比其清華何爲神情俱

徹曰仙露明珠訑能方其朗潤

逸字是山林關目用於情趣則清遠多致用於事務則散漫無功

宇宙雖寬世途眇於鳥道徵逐日甚人情浮比魚鱗

椰下蟻舟花間走馬觀者之趣倍於個中

問人情何似曰野水多于地春山半是雲問世事何似曰馬上懸壺漿刀頭分頓肉

塵情一破便同雞犬爲仙世法相拘何異鶴鶩作陣

清恐人知奇足自賞

與客到金樽醉來一榻豈獨客去爲隹有人知玉律迴車

三調何必相識乃再笑元亮之逐客何迂羡子猷之高情

可賞

高士豈盡無染蓮爲君子亦自出于淤泥丈夫但論操持

竹作正人何妨犯以霜雪

東郭先生之履一貧從萬古之淸山陰道士之經片字收

千金之重

管輅請飲後言名爲酒膽休文以吟致瘦要是詩魔

因花索句勝他牘奏三千爲鶴謀粮嬴我田畊二頃

至奇無驚至美無艷
瓶中插花盆中養石雖是尋常供具實關幽人性情若非
得趣箇中布置何能生致
舌頭無骨得言語之總持眼裏有筋具游戲之三昧
湖海上浮家泛宅烟霞五色足資糧乾坤內狂客逸人花
鳥四時供嘯咏
養花瓶亦須精良譬如玉環飛燕不可置之茅茨嵇阮賀
李不可請之店中
纔有力以勝蝶本無心而引鶯半葉舒而岩暗一花散而

峯明

玉檻連彩粉壁迷明動鮑昭之詩興銷王粲之憂情

急不急之辨不如養默處不切之事不如養靜助不直之舉不如養正恣不禁之費不如養福好不情之察不如養度走不實之名不如養晦近不祥之人不如養愚

誠實以啟人之信我樂易以使人之親我虛已以聽人之教我恭已以取人之敬我奮發以破人之量我洞徹以備人之疑我盡心以報人之托我堅持以杜人之鄙我

ISBN 978-7-5149-2183-0
9 787514 921830 >
定價:98.00元